研究に役立つ

JASP によるデータ分析

— 頻度論的統計とベイズ統計を用いて —

清水 優菜・山本 光

【共著】

コロナ社

序　　文

　現代はまさにビッグデータ時代である。インターネットを介して日々莫大な
データが収集されて蓄積されている。ある個人の活動を見ても，朝のニュース
をスマートフォンで見ているだけで，「どのページを何秒見ていたか」といっ
たデータがサーバーに蓄積されている。また，その蓄積されたデータから，個
人の好みを推測し，つぎに見るべきページをお勧めしてくる。

　これらの蓄積されたデータは，それだけでは価値が低い。データとデータの
関係を調べたり，ある人の行動と別の人の行動の差を比較したりすることで，
データにさらなる価値が生まれてくるのである。つまり，データ分析を行うこ
とが必要なのである。こういったデータの関係を調べることや二つ以上の事柄
の差を比較するための学問は統計学である。

　本書は，こういったデータ分析に必要な統計学を学ぶとともに，より具体的
なデータの収集方法やデータの解析方法，さらには論文にするための方法を，
流れを追って学べるように書かれている。特に，データ分析が必須である心理
学や教育学，看護学を学んでいる大学生のために，卒業論文を書くことを前提
に各章が構成されている。

　一般的に心理学や教育学はいわゆる文系の学部に分類されているが，入学し
て統計学の知識や技能が必要であることに驚くだろう。また，看護学において
はエビデンスベースドナーシング（証拠に基づく看護）といって，患者の心身
を数値で測り，客観的にかつ再現性のある看護を目指している。つまり，看護
においてもデータ分析が必須となっている。

　本書は，そういった学生たちが迷っているところを長年見てきた著者による
とても具体的な方法の提案である。

　データ収集においては，質問紙を配布して行う方法や最近はやりの Web サ
イトによるアンケート調査を紹介している。また，データ分析のソフトウェア
は無料で高性能な JASP というソフトウェアを利用する。あまり馴染みのない

ソフトウェアだとは思うが，計算部分は世界中の研究者が開発している R の
パッケージを利用しており，信頼性は高い。さらに，従来からある頻度論的統
計と，最近注目されているベイズ統計の両方を扱うことができる。ただし，日
本語のメニューや日本語データが利用できないことから日本国内では有名では
ない。しかし，本書を通じてデータ分析を行ってみれば，その素晴らしさを実
感できるであろう。

　本書は，まず卒業研究に悩んでいる学生は 1 章から，データの収集方法を知
りたい場合は 2 章と 3 章から，JASP へのデータの読み込みは 4 章から読むと
よいだろう。また，データの分析については 5 章から 13 章に記述されている。
比較を行いたいのか，関係を見たいのかそれぞれの方法ごとに章が分かれてい
る。最後に，論文執筆について悩んでいる学生は 14 章と 15 章を読むことで，
卒業論文のみではなく，学会に投稿するための論文も作成できるよう説明がさ
れている。さらに，16 章に JASP のインストール方法があるので，まずは
JASP を自分の PC に入れて実際に動かしながら本書を読んでほしい。

　また，各章の参考文献もできれば読みながら，本書を活用していただければ
と思う。また本文中の ［　］は JASP のメニューを示しておりサンプルデータ
はコロナ社の Web サイト (https://www.coronasha.co.jp/np/isbn/9784339029031/)
からダウンロードもできる。

　最後に，なかなか書きあがらない原稿を心優しく待っていたいただいた，コ
ロナ社の皆様には大変お世話になった。また，確率・統計学については馬場裕
横浜国立大学名誉教授，教育心理学については石田淳一横浜国立大学名誉教授
に公私にわたってご助言いただいた。また，15 章の査読論文例の使用を快諾
いただいた高橋和子横浜国立大学名誉教授に感謝する。執筆当時は博士課程の
大学院生でもあった主著者の清水優菜の指導教員である慶應義塾大学大学院社
会科学研究科の鹿毛雅治教授にも心暖かく支援いただいた。ここに関係各位に
感謝申し上げる。

2020 年 1 月

清水　優菜・山本　　光

注 1)　本文中に記載している会社名，製品名は，それぞれ各社の商標または登録商標で
　　　　す。本書では ® や TM は省略しています。

注 2)　本書に記載の情報，ソフトウェア，URL は 2019 年 12 月現在のものです。

注 3)　JASP Ver 0.15 以降は，メニューの日本語表示が利用できるようになりまし
　　　　た。右の QR コードをご覧ください。

目　　　　次

1. 研究するとは

2. 先行研究を調べる

3.　データを集める

4.　データの種類を把握する

5. データの特徴を把握する

6. データの特徴を推測する

7. ベイズ統計を把握する

8. 二つの平均値を比較する

9. 三つ以上の平均値を比較する

10. 二つの要因に関する平均値を比較する

11. 二つの変数の関係を検討する

12. 変数を予測・説明する

13. 質的変数の連関を検討する

14. 結果を図表にまとめる

15.　論文やレポートにまとめる

16.　JASP のインストール手順

1. 研究するとは

　研究とは，まだ人間が知らない物や現象に名前をつけたり，明らかになっていない構造を説明することである。研究は人間が自然や社会を知るために長年行ってきた。したがって，大学や研究所の人だけが研究者ではなく，人間は本来「研究する生き物」なのである。

　大学生にとって，卒業研究で初めて研究に触れると思われるが，研究にはある程度の型がある。その型を学ぶのが本章の目的である。

　キーワード：調べ学習，総合的探究の時間，新規性，客観性，一般性，条件，推論，基礎研究，応用研究，開発研究，定量的，定性的

●●● 1.1 研究とは ●●●

1.1.1 調べ学習と研究の違い

　小学校や中学校で行ってきた調べ学習と研究の違いはなにか。簡単にいうと「調べ学習」とは，すでにだれかが明らかにしたことを自分なりにまとめることである。学習とあるため，目的はすでにある知識を習得することである。必要な情報を調べて，取捨選択し，まとめる作業は研究の一部であるが，研究に必要な**新規性**が学習にはない。

　新規性は，まだだれも見つけていない事実や説明できていない構造のことであり，研究に必要な要素の一つである。新規性を確認するために，先行研究の調査が必要となる。多くの研究では，学会発表や論文を発表することで，世界で初の研究かどうかを確認する。つまり，研究では論文を書き公表することが大変重要である。

　研究において，調べ学習で行う「情報を調べる」「情報を取捨選択する」「情報をまとめる」「簡潔に発表する」活動も重要である。

ここで，調べ学習における活動の内容を確認する。小学校学習指導要領解説・総合的な学習の時間によると，探究的な学習の過程はつぎのようなステップを想定している[1), †]。

1. 【課題の設定】体験活動などを通して，課題を設定し課題意識をもつ。
2. 【情報の収集】必要な情報を取り出したり収集したりする。
3. 【整理・分析】収集した情報を整理したり分析したりして思考する。
4. 【まとめ・表現】気づきや発見，自分の考えなどをまとめ，判断し，表現する。

これらの活動は研究においても重要なステップとなっている。さらに，これらの活動の過程では情報活用能力が必要となる。

1.1.2　総合的探究の時間と研究の違い

つぎに，高等学校で学ぶ総合的な探究の時間と研究との違いはなにか。総合的な探究の時間は，探究が自律的に行われるように自己の課題が主目的であり，自己の在り方や生き方などが一体的で不可分な課題を探究する時間である。

一方，研究では自然科学や社会科学における汎用性の高い問題解決が行われる。つまり，研究に必要な要素として**客観性**や**一般性**がある。客観性とは，だれが行っても同じ結果が得られることや，論理的な推論により結論が導かれていて，だれかの意思に関係なく存在することを指している。一般性も同様な意味合いだが，特殊な状況ではなく，いつだれが行っても同様な結果が得られることを指している。

ただし，すべての現象が客観性や一般性をもっていることは少なく，ある現象が起こるための**条件**を正確に示すことで，その現象を説明することが多い。

例えば，水を沸騰させたときの温度の測定実験をしたとする。98℃で沸騰した場合に「水の沸点は98℃」と結論づけてよいだろうか。実験した部屋の温度や気圧などの条件によっては，定義であったはずの「水の沸点は100℃」と違った結果を示したのである。したがって，「室温20℃で1気圧の実験室にお

---

† 　肩付きの番号は巻末の引用・参考文献を示す。

ける水の沸点は 98℃ であった」と条件をつけて結論づけることになる。

　つまり，得られた結果には，周囲の環境や影響する要因がほかになかったかを考慮することで，条件を正確に示すことができる。まとめると，<u>研究には客観性や一般性を目指しながら得られた結果に対する条件を考慮する必要がある。</u>

　また，研究は高校で行う総合的な探究の時間での活動手法の一部を含み，調べ学習の活動をさらに高度化し探究を行う。探究の過程は**図 1.1** であり，らせん状に高度化することが特徴的である。探究の過程が高度化する条件は，つぎの通りである。

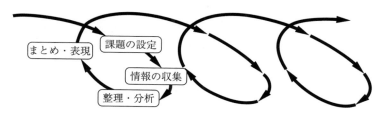

図 1.1　総合的探究の時間の探究過程の図

1.　【整合性】探究において目的と解決の方法に矛盾がない。
2.　【効果性】探究において適切に資質・能力を活用している。
3.　【鋭角性】焦点化し深く掘り下げて探求している。
4.　【広角性】幅広い可能性を視野に入れながら探求している。

1.1.3　研 究 の 種 類

　これまで研究と似た活動との比較により，研究とはなにかを説明してきた。ここでは，研究の種類によってさまざまな分類方法がある中で，その代表的なものを説明する。

〔1〕　**研究目的による分類**　　研究対象や研究結果の目的によって分類する。この分類方法には，**基礎研究**，**応用研究**，**開発研究**の三つの研究がある（**表**1.1）。

表1.1　研究目的による分類

	目　的	例
基礎研究	法則や定理などを発見する	人間の図形に関する認知構造
応用研究	実用性や利便性などを目的とする	図形に関する認知構造を正多角形の作図へ応用
開発研究	装置やシステムなどを開発する	図形理解の教材開発

基礎研究は，研究結果の用途や社会的影響などを目的とはせずに，純粋に新たな法則や定理などを発見することを目的としている。純粋研究とも呼ばれ，定理や法則のみではなく仮説をつくることもある。手法としては，必ずしも理論的な研究のみではなく，実験による研究も目的により基礎研究と呼ばれる。例えば，人間の認知構造の理解などは基礎研究である。

応用研究は，基礎研究や他の応用研究などをもとに，特定の目的のために研究を行うものである。研究結果は実用性や利便性などを目的としている。必ずしも新規性は求められず，先行研究よりも優れている点があれば，新たな研究結果となる。例えば，人間の図形に関する認知構造を，児童が容易に正多角形の作図を理解できるような教育方法に応用することなどがある。

開発研究は，基礎研究や応用研究の結果をもとに，材料や実験装置，システムや製品などをつくりだすことを目的としている。既存のシステムや製品の改良も開発研究である。例えば，児童が容易に正多角形を作図できる教材の開発などがある。

〔2〕　**研究方法による分類**　　研究の方法によって，**理論研究**と**実験研究**の二つに分類できる。

理論研究は，仮説から検証，そして理論の構築の順で行われる（**図**1.2）。基礎研究でおもに用いられる手法である。検証の段階で仮説の修正を行う場合もある。それぞれの過程において論理的な推論により研究が行われる。推論に

図 1.2　理論研究の流れ

は，演繹的推論，帰納的推論，仮説形成などがある。興味のある読者は，本章のコラムを参照されたい。

　実験研究は，仮説から実験や調査，そして結果報告の順で行われる（**図 1.3**）。応用研究や開発研究で用いられる手法である。調査結果によっては，仮説の修正が行われることもある。それぞれの過程において論理的な推論も必要であるが，実験や調査の結果が重要である。

図 1.3　実験研究の流れ

　実験研究では，さまざまな手法がありおもなものは，対照実験（コントロール実験），観察法，質問紙調査やインタビュー調査などがある。

〔3〕　**データの種類による分類**　　実験や調査によって得られるデータの種類によって，**定量的研究**と**定性的研究**に分けられる。ともに，先に示した実験研究に含まれる。

　定量的研究とは，測定による数値データを扱う研究である。物理や化学などの自然科学研究において用いられるが，心理学，教育学，看護学においても数値で対象を測ることで定量的研究を行う。得られたデータは，単純集計，クロス集計，統計処理と順を追ってデータ分析を行う（**図 1.4**）。

　定性的研究とは，質的なデータを扱う研究である。おもに人文社会科学研究において用いられ，特に心理学，教育学，看護学の研究でよく行われる。得られたデータは，分類や概念形成が行われる（**図 1.5**）。

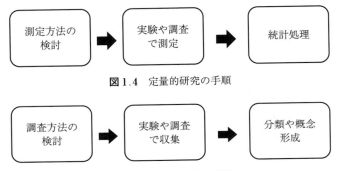

図 1.4 定量的研究の手順

図 1.5 定性的研究の手順

 推論の種類

　推論には演繹的，帰納的，仮説形成などがある。

●演繹的推論とは，一般的な前提から個別的，特殊的な結論を得るための推論である。よく三段論法（A は B，かつ B は C，したがって，A は C）が用いられる。

　例：「子どもは甘いものが好き。太郎さんは子どもだ。したがって，太郎さんも甘いものが好きだ」

　（普遍的事象）「子どもは甘いものが好き」

　（理由）「太郎さんは子ども」

　（結論）「太郎さんは甘いものが好きだ」

●帰納的推論とは，個別的，特殊的な前提から一般的な結論を得るための推論である。事例の数によっては結論が間違うこともある。

　例：「太郎さんは甘いものが好き，花子さんも甘いものが好き，2 人とも子どもだ，したがって子どもは甘いものが好き」

　（事例 1）「太郎さんは甘いものが好き」

　（事例 2）「花子さんも甘いものが好き」

　（結論）「子どもは甘いものが好きだ」

●仮説形成はアブダクションとも呼ばれ，観測された事象を，普遍的事実を照らし合わせて，仮定を推論する方法である。結論は仮説であるため，間違うこともある。

　例：「太郎さんは甘いものが好き，子どもは甘いものが好き，したがって，太郎さんは子どもにちがいない」

　（観測事象）「太郎さんは甘いものが好き」

　（普遍的事実）「子どもは甘いものが好き」

　（結論「仮説」）「太郎さんは子どもにちがいない」

〔**4**〕　**その他の分類**　　上記以外にも研究の分類はさまざまある。研究にかかわる人数によって，個人研究や共同研究と分類される。また期間によって，短期研究と長期研究などと呼ばれる研究の分類もある。

●●● 1.2　研究のおもな流れ ●●●

1.2.1　卒業研究の流れ

ここでは，学術的な研究ではなく，一般的な卒業研究での流れを示す（**図1.6**）。

〔**1**〕　**リサーチクエスチョン（研究上の問い）を考える**　　まずは卒業研究のネタとなる疑問や質問からスタートする。あとから修正することを前提に，自分の興味のある内容やいままで疑問に思っていたことからスタートする。

〔**2**〕　**先行研究の調査**　　研究論文や本などを参考に，<u>いままでにどこまでなにがわかっているか</u>を調査する。自ら考えたリサーチクエスチョンの見直しや，研究の手法や条件なども同時に調査をする。

〔**3**〕　**目的の明確化**　　先行研究の調査，場合によっては以前の予備実験の結果等を再評価することでリサーチクエスチョンを明確化する。さらに，なにをどのような手法で，どこまで明らかにするか目的の明確化を行う。ただし，約1年間という時間を踏まえると，実現可能な目的を立てるべきである。

〔**4**〕　**方法の検討**　　実験の計画・準備：仮説の具体的な検証方法，検証計画を立案し，実際の実験の準備を行う。できれば，予備実験を行い，その解析過程で方法の修正を行う。さらに，データはどのような形式（定量的か定性的か）で収集するのか，解析方法を念頭において取得するデータを検討する。

〔**5**〕　**実験・実践**　　実際の実験や実践では，状況や条件を記録する。個人情報の保護や倫理的な配慮を事前に行わなければならない。ま

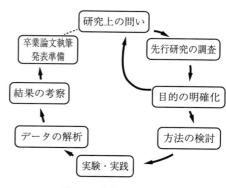

図1.6　卒業研究の流れ

た，**バイアス**（偏りや恣意的な状況）などが関係しないように注意する必要がある。例えば，調査の意図を伝えずに実験を行う盲検法などを用いることも考慮する。

〔**6**〕　**データの解析**　　質的データ，量的データによって解析方法が異なる。質的データにおいては，分類や類型化などを行う。一方で量的データでは，単純集計，クロス集計をまずは行う。その後，統計解析などを行う。

データの解析においては，数値や分類した文言のみを記録するのではなく，グラフ化や図式化することを念頭に，データの整理を行う。

〔**7**〕　**結果の考察**　　解析結果から，リサーチクエスチョンが解決したか，新たに得られた知見はなにかをまとめる。さらに，得られた結果からなぜその結果が得られたかを考察する。また，研究自体の前提条件や調査の限界などを自覚し，今後の検討課題についても考察する。

〔**8**〕　**卒業論文の執筆，研究発表の準備**　　結果の考察が終わったら論文を執筆する。卒業論文の形式は各大学，各研究室によってさまざまであるが，論文を書く目的は，第三者が読んでも内容が伝わることである。そのため，専門用語や概念などの定義，および手法の詳細な説明は省略することなく記載する必要がある。

同様に，研究発表でも自分が行った研究のリサーチクエスチョンと，どのような方法でなにを明らかにしたかを，第三者に理解してもらうことを目的にする。例えば，発表のスライドは数値や文字の羅列ではなく，話の構造を図で表すなどの工夫が必要である。

1.2.2　研 究 の 流 れ

ここでは，大学院などにおける学術的な研究の流れを示す（**図1.7**）。大きな流れは，卒業研究と変わらないが，学術的な研究では，査読により論文の質が検討される。したがって，学術的な研究では論文投稿と査読結果により再編集を行うプロセスが加わる。

また，研究論文を投稿する先は，各学術研究団体いわゆる学会である。各団

体では論文の投稿規定や論文作成の手引きなどが公表されている。例えば，日本教育心理学会の論文作成の手引きでは，論文題目，見出し，本文の文字句読点などが示されており，**表1.2**のように文章の体裁が示されている。

論文を投稿する前に必ず投稿先の学会が公表している手引きなどにしたがって，論文を執筆する必要がある。

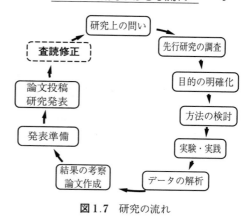

図1.7　研究の流れ

表1.2　日本教育心理学会における論文作成の規定（抜粋）[4]

項　目	説　明
論文題目	（1）　副題がある場合は，副題の前後を2倍ダッシュ（──）ではさむ。 （2）　題目の英訳は，主要語の頭文字を大文字とする。
見出し	（1）　見出しには，番号はつけない。 （2）　中央大見出しは，行の中央におき，その上下は1行あける。 （3）　横大見出しは，行をあけず左端から書き，本文は改行して始める。 （4）　横小見出しは，行をあけず左端から全角1字あけて書き，本文は全角1字あけて書く。

1.2.3　科学者として

本章のはじめに，人間は本来「研究する生き物」と述べたが，研究する人のことを科学者とも呼ぶ。科学者とはどのような心構えで研究をするか。その答えの一つが，日本学術会議が発表した「科学者の行動規範」に示されている。その内容は（1）科学者の責務（2）公正な研究（3）社会の中の科学（4）法令の遵守の項目にわたっている。研究をする一員として一度目を通しておく必要がある。

2. 先行研究を調べる

　研究する内容や方向性が決まったら，先行研究（過去の研究）結果を調べる。研究では，新規性が重要である。また，客観性や一般性そして条件によって結論が変化する。したがって，先行研究を調べることは，どこまででなにがわかっているかを確認することと，そこに書かれている今後の課題や未解決のことを知るよいチャンスである。

　キーワード：本，図書館，Web 検索，原著論文，総説論文，論文の読み方，論文の記録

●●● 2.1　本の調べ方 ●●●

2.1.1　図書館で調べる

　研究対象となる分野が決まった場合，はじめに本を読むことをお勧めする。なぜならば，本は研究対象となる分野の内容についての知識がまとまっているからである。そのため，その分野の歴史や専門用語の説明など，順を追って学ぶことができる。

　例えば，幼児教育に関する分野について研究を行う場合は，<u>幼児教育に関する入門書や，幼児教育に関する授業での教科書をまずはじっくり読むこと</u>である。その後，その本にある参考文献などから関連の本を探して読むことで，歴史をさかのぼりながら知識を整理することができる。

　また，本を読む際には，書店で最新刊の本を手に取ることも可能だが，専門的な内容の本や，たくさんの本を探す場合には図書館が大変便利である。最新刊の本のみではなく，過去の有名な著者の本を読むこともできる。

　さらに，図書館の本はジャンルごとに分類されているため，実際に図書館に行き本の探索をすることで関連書籍に出会えることもある。また，図書館での

本の探索のよさは，図書館司書に相談できる点でもある。図書館司書は，図書館情報学の知識と技術をもった専門的な職員であり，国家資格の職である。したがって，図書館において図書館司書に相談することで，研究上必要な本や資料を探し出すことができる。

2.1.2　OPAC の 利 用

OPAC（Online Public Access Catalog）とは，オンラインで検索できる本の目録（本の情報リスト）である。公立図書館や大学図書館などで利用が可能である。インターネットでの利用も可能で，WebOPAC を利用することでいつでもどこでも本の検索が可能である。図書館ごとにどの棚に本があるか，または貸し出し中かといった情報が検索できる。

つぎに，日本最大の図書館の検索サイトとして WebcatPlus と国立国会図書館を紹介する。

〔1〕　**WebcatPlus**（http://webcatplus.nii.ac.jp/）　　WebcatPuls とは国立情報学研究所（NII）が提供する無料の情報サービスである。全国の大学図書館約1 000 館および国立国会図書館の目録の検索が行える。検索方法は「連想検索」「一致検索」2 種類の検索方法が用意されている。

連想検索とは複数の言葉を入力し，それらの言葉の集まりに近いものを検索できる。単語のみでなく文章を入力することも可能である。

例えば，「幼児教育における父親の役割」と文章を入力した結果を**図 2.1** に示す。検索結果として，1 177 806 件の本がリストアップされた。本の表紙の写真とともにタイトル，著者，出版社，出版年が表示される。その他の情報（ページ数など）についてはリストをクリックすることで表示される。さらに検索結果の本を，書棚に入れて検索結果を一時保存することができる。また，検索結果を外部サイトと連携し古本屋や公共図書館での検索も可能である。

つぎに，一致検索とは Google や Yahoo の検索方法と同じで，検索キーワードが含まれている本の検索である。本のタイトルや著者名がわかっている場合に大変便利である。検索結果をクリックすると，書名，著者名，出版元や目次

図2.1　WebcatPlus の検索結果

などが表示される。さらに，NCID の項目に表示される番号をクリックすると，
CiNii Books（大学図書館から本を探す）と連携しており，どの大学の図書館に
その本があるか確認できる。

　また，検索結果を出版年の新しい順や古い順に並べ直すことができるため，
検索対象の本をさかのぼって調べることもできる。

　さらに，検索対象も本，作品，人物と選択でき，「詳細条件を設定」で本の
タイトル，著者編者について，完全一致や部分一致の検索や，出版年の指定な
どができる。

　〔2〕　**国立国会図書館**　（https://www.ndl.go.jp/）　　国立国会図書館とは，
国会に属する唯一の国立の図書館である。国内で出版された本や雑誌などの収
集と保存を行っている。検索はインターネットから NDL ONLINE のサービス
で可能である（**図2.2**）。検索の対象は本だけではなく，雑誌，地図などあら
ゆる出版物が対象となっている。さらに，本だけでなく国内の大学で発刊され
た博士論文も検索対象となっているため，どのような研究が学位につながるか
を調査することもできる。

　さらに，著作権の保護期間が過ぎた出版物は，国立国会図書館デジタルコレ
クションから，その実物を見ることもできる。

図2.2　国立国会図書館オンライン

●●● 2.2　論文の調べ方 ●●●

　近年の研究論文は電子的に投稿されて公開されている。各学会の会員のみに公開されている場合もあるが，一般の人がだれでも論文を読むことができるオープンアクセスジャーナルが増えてきている。日本語の論文を検索する場合は，国立情報学研究所の CiNii（学術情報ナビゲータ）が便利である。また，海外の公開された論文を検索する場合は，Google Scholar が便利である。

　〔1〕　**CiNii**（https://ci.nii.ac.jp/）　「CiNii Articles 日本の論文をさがす」では，学協会刊行物・大学研究紀要・国立国会図書館の雑誌記事索引データベースなどの学術論文情報が検索可能である（**図2.3**）。検索の方法は，「論文検索」「著者検索」「全文検索」がある。

　さらに検索窓の下の「すべて」から「本文あり」に切り替えると，本文をダウンロードすることが可能である。

図 2.3　CiNii の Web サイト

〔2〕　**Google Scholar**　（https://scholar.google.co.jp/）　　検索サイトで有名な Google の論文を対象とした専用サイトである。国内のみでなく海外の論文も検索の対象としている。過去の日本語の論文を読んでいる中で，参考文献に海外の論文を参照している場合は，このサイトを利用すると検索に便利である。公開されている論文のうち，PDF ファイルで全文読むことができるものや，アブストラクト（要約）のみが読めるものなどさまざまな論文が検索対象である（**図 2.4**）。さらに，出版期間の指定や日付順の並べ替えや関連性で並べ替えを利用すると，膨大な論文の中から効率的に必要とする論文を探すことができる。

図 2.4　Google Scholar の Web サイト

●●● 2.3　論文の種類 ●●●

2.3.1　原著論文（査読論文）

　研究論文の種類はさまざまな分類方法があるが，ここでは簡単に専門家による査読によって審査される**原著論文**（journal article, full paper）とそれ以外の論文に分類する。原著論文は，査読制度によって複数の研究者のチェックがされており，論文の質が保証されている。論文に必要な，論理的に推論がなされているか，内容の新規性や独創性，客観性や一般性，および再現性などが厳格に確認されて出版となる。したがって，その論文の成果も信頼性が高い。

　ネットの検索で得られた論文にはさまざまなものがあり読む際には迷うであろうが，基本的に原著論文を参考文献にすることを心がけるとよい。

　一方それ以外の論文とは，査読制度のない論文である。大学の紀要や雑誌の記事などがある。学会発表の要旨も含まれる場合がある。

2.3.2　総説論文と速報論文

　一方で，査読の有無によらず内容によって分類すると，**総説論文**（review）と**速報論文**（letter）に分けられる。総説論文は特定の分野やテーマに関する先行研究を系統立ててまとめた論文である。その分野の概要を知るためには必須の論文である。そのテーマの歴史やなにが明らかとなっていて，なにが課題として残っているかの確認ができる。

　自分の研究対象とする分野の総説論文を読むことで，その分野の流れを知る

 上手な検索方法

　論文の検索の際に，CiNii なら「詳細検索」や Google Scholar なら「検索オプション」が利用できる。著者名や学会名がわかっている場合は，検索キーワードと一緒にそれらも同時検索することで，無駄な検索結果を表示させない工夫ができる。さらに，検索の対象とする出版年を指定し，古い論文を検索結果に表示しないことで最近の論文が手早く探せる。

ことができる。特にリサーチクエスチョンを明確にするために総説論文を読む
ことをお勧めする。総説論文を探す場合には，論文のタイトルに「レビュー」
や「展望」などの言葉を見つけるとよい。

　一方の速報論文とは，速報性や資料性などが重視された論文である。原著論
文のように査読制度では発表に時間が掛かるために，速報として公開するため
の論文である。自分の研究対象とする分野で，すでに問題が解決されていない
か，研究手法が重なっていないかなどを確認することができる。

2.3.3　研究論文と実践論文

　さらに研究手法として分類すると，**研究論文**と**実践論文**に分けられる。研究
論文とは，先の原著論文に相当するものである。新規性や独自性，客観性や再
現性の条件が必須となる。さらにその研究分野の方向性を示す論文である。

　一方，実践論文とは，研究テーマにおいて仕組みや条件が明確に記述された
うえで実践が行われた結果をまとめたものである。ある程度の汎用性や高い知
見が客観的に書かれている。さらに有用性や信頼性についても評価される。

　詳細な体裁や論文の分類は，論文を投稿する学会によるが，教育学や看護学
など実践が伴う研究においては，研究論文と実践論文の価値や質は同等に評価
されることが多い。そのほかには，学位論文や報告などさまざまな論文があ
る。以下の分類はその一例である（**図 2.5**）。

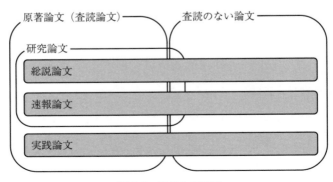

図 2.5　論文の分類例

●●● 2.4　論文の読み方 ●●●

2.4.1　論文の構成

　論文は研究の分野によって違いがあるが，一般的な論文は以下のような構成になっている。

- ・題名（title）：内容を簡潔に表現
- ・要約（abstract）：この論文でなにをして，なにが明らかとなったか要約
- ・はじめに（introduction）：研究の背景や歴史，先行研究のまとめ
- ・方法（method）：なにをどうやって分析・実験・調査したか
- ・結果（result）：なにがわかったか，事実のみ記述
- ・考察（discussion）：結果からわかったこと
- ・結論（conclusion）：まとめ
- ・参考文献（reference）：論文を書くにあたって参考にした文献

　論文を読む際には，はじめから読み進めてもよいが，大量に読む場合は順番がある。

要約　──→　結論　──→　方法　──→　結果　──→　考察

の順で読むと，論文の全体像がわかり，どのようなことが明らかになったか，またその手法がわかることになる。

　つまり，論文には必ずリサーチクエスチョンがあり，それがどう解決されたのか，そして，それを明らかにするための方法はなにか，というように問いながら読み進めることで，論文の内容を理解できる。

　ほかにも，論文を複数読み進める中でわかることがさまざまある。例えば，その研究分野の背景や歴史を知るためには，「はじめに」を読めばよい。また，参考文献に何度も登場する論文は，その分野で必ず読むべき論文であることもわかる。

　〔1〕　要　約　　論文には必ず要約がある。要約とはその論文を200字から400字程度にまとめた文章のことで，リサーチクエスチョン（研究上の問い）と手法および結果が示されている。論文の本文をいきなり読み始めるのではな

く，この要約を読んでから，その論文が自分の課題に沿っているか確認する必要がある。

〔2〕 **はじめに**　　論文の初めの章は，背景やその研究に至るまでの経緯が書かれている。原著論文や総説論文ではこの章にその研究分野でなにがわかっていて，なにがわかっていないかについて歴史をたどりながら書かれている。したがって，この章を読むことによって，その分野の研究上の流れを知ることができる。

〔3〕 **方 法**　　論文では，研究上の問いをどのような方法で明らかにするかを示す必要がある。「いつ，どこで，どのような人に，どのくらいの人数に対して，なにをしたか」の情報が書かれている。方法を読めば，自分が研究しようとしている対象と同じであるかを確認できる。また，同じではなかったとしても，どのような手法か（質問紙調査なのか，インタビュー調査なのかなど）を知ることで，自分が行うべき研究の手法を学ぶことができる。

〔4〕 **結 果**　　結果の章では，表やグラフなどの表現方法を学ぶことができる。原著論文では，表ばかりでなくグラフを効果的に利用しているものが多い。特に著名な学会誌では，カラーなどが利用されるため，グラフのデザインが大変参考になる。一方で，大量の数値のみが表になっている場合は，とても読みづらいことに気がつく。つまり自分が論文を書く際には，表のみでなくグラフの表現にするなどの工夫が必要であることがわかる。

〔5〕 **考 察**　　考察の章では，結果からわかったことについて，どのような理論的背景があったのか，先行研究と比較して整合的な結果か否かが記述されている。もし，先行研究と整合しない結果となっていたら，どのような条件が違っていたのかと考えるとよい。

　また，論文を執筆する際に，多くの学生は考察が書けなくて苦労している。自分が論文を執筆する際には，ほかの原著論文の考察の章を再度読むことをお勧めする。数ある論文の中で自分のスタイルと合う論文を参考にするとよい。

〔6〕 **参考文献**　　参考文献の章には，論文で引用された文献がまとめられている。つまり，その論文の先行研究が一覧となって示されている。<u>研究の歴</u>

史の流れをさかのぼりながら，なにが明らかになってきたかを調べる際には，参考文献にあげられている論文を読むとよい。さまざまな論文に共通して登場する論文は，その分野での重要論文であるので，必ず手に入れる必要がある。

2.4.2　論文の記録

　論文を数多く読み進めていくと，どの論文になにが書いてあったかわからなくなる。したがって，論文を読んだ後は，その論文になにが書かれていたかを記録するとよい。

　論文の全文を保存しておいてもよいが，後から検索することが非常に困難であるため，論文を要約するとよい。論文を要約する方法はさまざまある。例えばレビューマトリクス法は，論文を年代順に並べ，著者，出版年，目的，対象者人数，対象者属性，従属変数，独立変数などを記録してゆく方法である。また，著名な研究者である落合陽一の研究室の要約の手法は，つぎの通りである。

《落合陽一研究室の論文要約法》[5)]
つぎのフォーマットで，論文一つの内容をまとめていく方法である。

1. どんなもの？
2. 先行研究と比べてどこがすごい？
3. 技術や手法のキモはどこ？
4. どうやって有効だと検証した？
5. 議論はある？
6. つぎに読むべき論文は？

上記の六つの観点で記録することで，高速に論文を読むことができる。

3. データを集める

　研究方法が決まったらデータの収集を行う。データ収集の方法として二つあり，すでに大規模調査がされたものを利用する方法と，自分でデータを収集する方法を紹介する。自分でデータを収集する場合は，対象者に対して質問紙を作成し配布，回収を行う場合と，アンケート用の Web サービスを利用して回収する場合を紹介する。

　キーワード：総務省統計局，データアーカイブ，質問紙調査，SQS，Web 調査，Google フォーム

●●● 3.1　大規模調査データの利用 ●●●

3.1.1　総務省統計局

　調査内容によってはすでに大規模に調査されたデータを利用することができる。大規模に調査されたデータの代表例が総務省統計局の e-Stat[1]である（**図3.1**）。e-Stat からは日本国内で政府が行った大規模調査の統計データをダウンロードできる。統計データは，国土，人口，労働，産業，サービス，家計から社会保障や教育などといった 17 の分野に分かれている。これらの調査結果は Excel で読める形式（CSV 形式）などでダウンロードできる。

　また，過去数十年に渡るデータをダウンロードできる項目もあり，時代の変化などを調査する場合には大変有益である。例えば，国勢調査の日本人の男女別人口調査は大正 9 年（1920 年）からのデータをダウンロードできる。

CSV 形式とは

comma-separated values の略で，文字や数値のデータがカンマ［,］で区切られているデータである。表計算ソフト Excel の標準機能で読み込める形式である。

図 3.1 総務省統計局 e-Stat の Web サイト

3.1.2 データアーカイブの利用

国による大規模調査のデータ以外には，研究所や大学で収集されたデータを公開している。その中でも社会科学に関するデータは，東京大学社会科学研究所附属社会調査データアーカイブ研究センター（SSJDA）[2]が有名である（**図 3.2**）。

データアーカイブとは各研究機関から提供されたデータを，学術目的で二次利用するために収集し公開している機関である。SSJDA では，1998 年より公開されているデータは 2018 年で 2 168 件となっており，国内有数のデータアーカイブである。

データを利用できるのは，大学や公的研究機関の研究者や教員の指導を受けた大学院生であり，利用者登録が必要である。学部の学生は指導教員の元で利用することができる。また，利用できるデータの項目は多岐にわたっており雇用や労働，教育や学習，社会や文化に関するさまざまな内容のものが検索できる。

そのほかにも

図 3.2 SSJDA の Web サイト

・独立行政法人 労働政策研究所・研修機構の JILPT データ・アーカイブ

https://www.jil.go.jp/kokunai/statistics/archive/index.html

・独立行政法人 統計センター SSDSE（教育用標準データセット）

https://www.nstac.go.jp/SSDSE/

などで，大規模に調査されたデータが公開されている。

●●● 3.2 質 問 紙 調 査 ●●●

3.2.1 質問紙の作成方法

調査対象が限定されている場合や，必要とするデータが大規模調査やデータ
アーカイブにない場合などは，自分で質問紙を作成し調査する必要がある。質
問紙の作成にあたって，つぎのことを考慮されたい。

1. 調査目的を明確にする
   ・明らかにしたい項目
   ・その状況を説明する項目
   ・その原因となりうる項目
2. 調査内容を具体的な質問項目にする

- ・選択式か記述式か
- ・数値か，文字か
- ・配列や順序の検討
- ・バイアス（偏り）はないか
- ・回収方法の検討

3. 予備調査
- ・小集団で予備調査を行い質問項目の検討（回答数，回答時間，不明瞭な質問はないか）

4. 本調査
- ・ある程度の規模を確保して調査を実施する

5. 回収後はデータ化と保存方法の検討を行う
- ・質問紙を配布した場合は，データ化に時間を要する
- ・データは論文投稿後も必要となる場合があるので保存する

　質問紙の作成方法についてはさまざまな方法があるが，その代表的なものをつぎに示す。

3.2.2 マークシート式の質問紙の作成

　質問紙を配布して行う場合，その回収後のデータ化に要する時間が掛かることや入力ミスを減らすことをからマークシート式の質問紙を作成することが望ましい。マークシート式の用紙やその読取りソフトは各社から発売されているが，ここではマークシート式の質問紙作成から読取りまでを無料で行うことができる SQS を紹介する。

　SQS（shared questionnaire system）とは千葉商科大学 久保裕也氏により開発されたオープンソースの「共有アンケート実施支援システム」である。現在は新規開発が行われていないようであるが，最終の ver. 2.1 でも十分に利用可能である。

　また，SQS は学校評価用として学校関係者の利用を考えられて作成された経緯から教育研究所や教育委員会などのセンターで情報をまとめている。

「SQS　アンケート」のキーワードで検索すると，教育研究所や教育委員会のセンターなどから，各利用マニュアルや児童生徒向けのサンプルをダウンロードすることもできる。

SQS のソフトウェアは，質問紙を作成する SourceEditor と回収した質問紙の画像からマークを読み取る MarkReader に分かれている。利用の準備段階として Java を導入しておく必要がある。そのうえで，**図 3.3** のような手順で，SQS を利用する。

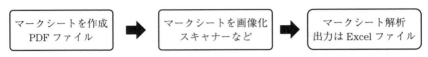

図 3.3　SQS の利用の流れ

つぎに SQS を利用するための準備と簡単な利用方法を示す。

〔1〕　**Java のインストール**　　SQS のソフトウェアを実行するために Java が必要である。https://www.java.com/ja/ から Java をダウンロードし，インストールを行う（**図 3.4**）。

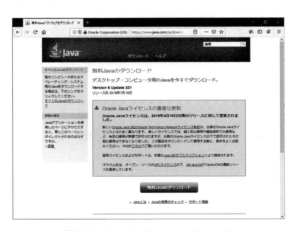

図 3.4　Java のダウンロードページ

〔2〕　**SourceEditor と MarkReader のダウンロード**　　開発者のサイト
は現在メンテナンスされていないため，千葉県総合教育センター[3)]の配布先の
サイト https://www.ice.or.jp/nc/shien/joho/sqs/ から二つのファイルをダウン
ロードする。

MarkReader-2.1.3-SNAPSHOT.jar　マークシートを読み取るソフトウェア
SourceEditor-2.1-SNAPSHOT.jar　　マークシートを作成するソフトウェア

　ダウンロードページによっては，バージョン番号が違うが，Ver. 2 以上であ
れば十分である。

〔3〕　**SourceEditor の利用方法**　　SQS の SourceEditor は新規作成のテ
ンプレートを改変するとよい（**図 3.5**）。

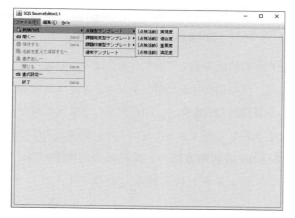

図 3.5　SourceEditor の起動画面

　テンプレートを参考に質問紙が作成できたら，［印刷原稿 PDF 表示］をク
リックすると配布するための印刷用 PDF ファイルが表示される（**図 3.6**）。
　項目名の変更や不要な個所を削除するなど，必要なマークシートを作成す
る。作成が完了したら，再度［印刷原稿 PDF 表示］ボタンをクリックし完成
イメージを確認する。この PDF が原版となり，読取り時に必要なファイルと
なるため，必ず保存する。
　質問紙が 2 ページ以上になった場合は，裏表印刷して配布することもでき

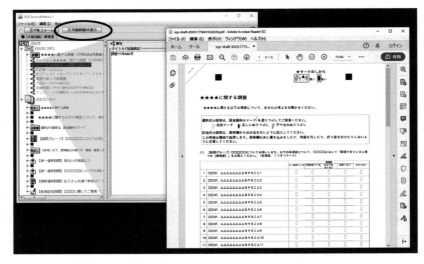

図3.6　印刷原稿 PDF の表示

る。印刷して配布し質問紙調査を実施する場合は，この後スキャナーなど機械で読み取るために，深い折り目などがつかないように注意する必要がある。

〔4〕　**回収した質問紙の画像化**　　印刷配布した質問紙調査を回収した後，スキャナーなどを利用して画像ファイルにする。画像形式は TIFF がよい。

〔5〕　**MarkReader の利用方法**　　質問紙の画像すべてと，原版の PDFファイルを一つのフォルダーに入れる。そのフォルダーを起動した SQS

図3.7　MarkReader の起動画面

MarkReader にドラッグアンドドロップする（**図3.7**）。読取りが終わると，簡単な集計結果や Excel ファイルを確認できる。

〔**6**〕　**欠損データの確認と読み込みミスの訂正**　　読み取られたデータは Excel で確認ができる。欠損データは黄色に塗りつぶされており，実際の質問紙を確認しながら読取りミスを訂正する。

3.2.3　Web による質問紙の作成

　最近はスマートフォンの普及により手軽にインターネット上でアンケートが実施できるようになった。それに伴って Web 上でアンケート調査の票を作成，実施，データ化までを行うサービスも増えている。以下では，無料で実施できる **Google フォーム**[4)]を利用した Web アンケートの説明を行う。

〔**1**〕　**Google のアカウントの登録**　　はじめに Google のアカウントの登録を行う。

〔**2**〕　**Google ドライブ**[5)]**の Google フォームをクリック**　　図3.8 の手順で，Google フォームにアクセスする。

図3.8　Goole フォームまでのメニュー

　無題のフォームで，質問紙を作成することができる（**図3.9**）。

〔**3**〕　**質問紙の作成**　　質問の形式には，文字の入力をする「記述式」やラジオボタンやチェック，選択式などが用意されている（**図3.10**）。詳細な設定

図 3.9 無題のフォーム

図 3.10 質問紙の作成

で入力の必須化や，回答者のメールアドレスを回収したりなど，さまざまな設定が行える。

〔4〕 **プレビューでの確認**　質問紙が完成したら「プレビュー」で確認す

図 3.11　プレビュー

る（**図 3.11**）。

〔5〕　**質問紙調査の結果の出力**　　質問紙調査が完了したら，データを収集
する。作成したフォームは Google Forms の中に自動的に保存されている。集
計結果も自動的に作成されている。Excel 形式で全データをダウンロードでき
る（**図 3.12**）。

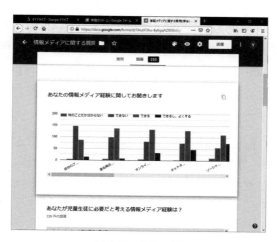

図 3.12　集計の例

4. データの種類を 把握する

　質問紙調査などで得られたデータには，大きく分けて量的データと質的データに分けられる。それぞれさらに分類ができるが，データの種類によってその後の解析方法に影響するため，データの種類を知る必要がある。また，自分で作成した質問紙データを，統計処理ソフトに読み込むためのデータの整形方法についても知る必要がある。

　キーワード：尺度水準，質的データ，量的データ，時系列データ，クロスセクションデータ，パネルデータ，データの整形

●●● 4.1 尺 度 水 準 ●●●

4.1.1 質 的 デ ー タ

　統計学では，データの特徴によって分類（尺度）が設定されている。数値でないデータのことを**質的データ**と呼ぶ。質的データには，さらに**名義尺度**（nominal scale）と**順序尺度**（ordinal scale）という尺度の水準がある。

　名義尺度とは，単なる記号や文字で表されるデータである。例えば「男性・女性」「血液型 A,B,O,AB」などである。単に記号として数値が用いられていた場合も名義尺度となる。例えば「電話番号」「学籍番号」などは数値ではあるが，その順番や平均値などには意味がない。

　順序尺度とは，記号に大小関係や順序関係がある場合のデータである。例えば，「とても好き，好き，嫌い，とても嫌い」などの選択や，成績の順位などのデータである。左右対称の順序尺度を**リッカート尺度**と呼ぶこともある。

4.1.2 量 的 デ ー タ

　数値で得られたデータは**量的データ**である。量的データには，さらに**間隔尺**

度（interval scale）と**比例尺度**（ratio scale）という尺度水準がある。

　間隔尺度とは，数値の間隔が等間隔になっている（と仮定されている）データである。数値の大小関係だけではなく，数値間の差にも意味がある。例えば「摂氏の温度」や「テストの点数」などである。

　比例尺度とは，原点（0 点）の定まっている数値に関するデータである。数値間の和や差にも意味があり，倍数にも意味がある。例えば「長さ」「重さ」など物理量などが当てはまる。

　以上の四つの尺度の関係は，名義尺度＜順序尺度＜間隔尺度＜比率尺度，の順でデータのもつ情報量が大きくなるため，**尺度水準**と名前がつけられている。尺度水準の特徴と JASP での表記は**表 4.1** の通りである。

表 4.1　尺度水準の表

尺　度	可能な計算	JASP のデータ記号
名義尺度	度数を数える	Nominal
順序尺度	度数，最頻値，中央値	Ordinal
間隔尺度	足し算，引き算	Continuous
比例尺度	四則演算	Continuous

4.1.3　連続データと離散データ

　得られた数値データには，その数の性質から**連続データ**と**離散データ**に分類される。

　連続データとは，数学の用語では実数であり，数値と数値の間は無限に数値が存在する。例えば，身長や体重，時間や温度などの物理量である。原点（0点）がある場合は比例尺度，ない場合は間隔尺度として扱うことができる。

　離散データとは，数学の用語では整数であり，とびとびの値をとるものである。例えば，人数や順位などである。順序に意味がある場合は順序尺度，ない場合は名義尺度して扱うことができる。

●●● 4.2　データセットの種類 ●●●

4.2.1　時系列データ

　得られたデータの集まりをデータセットと呼び，その性質によって，いくつかに分類される。**時系列データ**（time-series data）とは，ある一つの項目について時間に沿って集めたデータのことである。時間に沿った変化を分析することができる。

　総務省統計局から得られるデータの中には，時系列データが含まれている。解析する際には，単なる時間経過のみではなく，季節変動などに注意する必要がある。例えば，1920 年（大正 12 年）から 2010 年（平成 22 年）までの日本の全人口データなどがある。

4.2.2　クロスセクションデータ

　クロスセクションデータ（横断面データ：cross section data）とは，ある一時点における場所・グループ別などに記録した複数の項目を集めたデータである。同一時点での複数項目間の分析ができる。例えば，1945 年（昭和 20 年）時点の全国，北海道，東京，沖縄の人口のデータなどがある。

4.2.3　パネルデータ

　パネルデータ（panel data）とは，一般的には，同一の標本について複数の項目を継続的に調べて記録したデータである。つまり，時系列データとクロスセクションデータを合わせたデータである。また，パネルデータは，項目間の関係を時系列に沿って分析することができる。

　通常の継続的に行われる調査では，調査時点ごとに調査される標本が異なることがあるが，パネルデータの場合はそうではない。なお，総務省統計局などで得られるデータはパネルデータである。例えば，1945 年から 2010 年までの全国，北海道，東京，沖縄の人口のデータなどがある。

4.2.4　各データセットの関係

時系列データ，クロスセクションデータ，パネルデータの関係を日本の人口データをもとに，各データセットの関係を**図4.1**に示す。

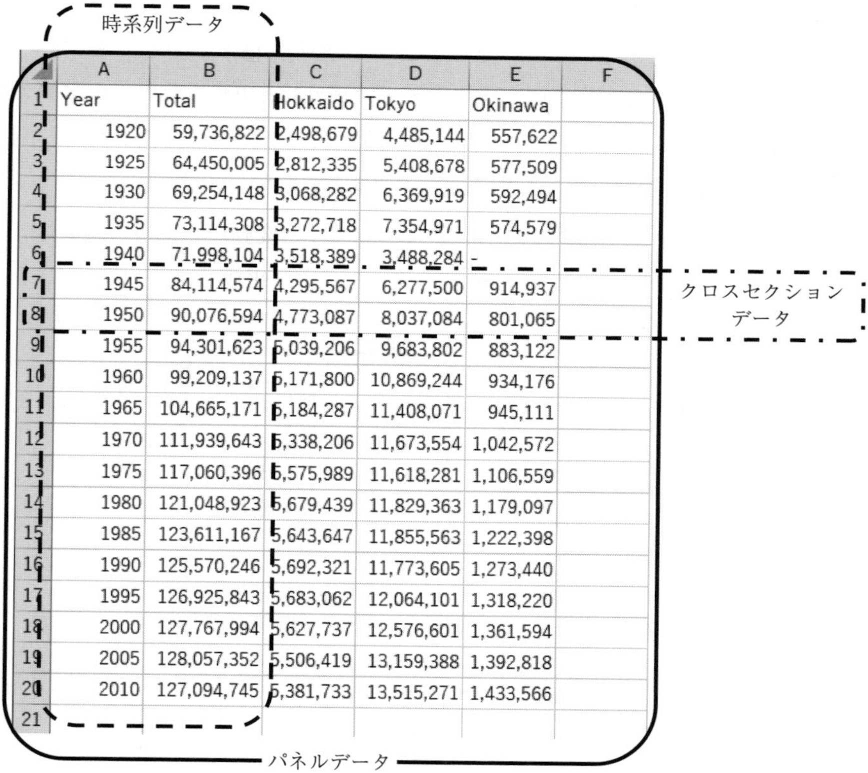

時系列データ

	A	B	C	D	E	F
1	Year	Total	Hokkaido	Tokyo	Okinawa	
2	1920	59,736,822	2,498,679	4,485,144	557,622	
3	1925	64,450,005	2,812,335	5,408,678	577,509	
4	1930	69,254,148	3,068,282	6,369,919	592,494	
5	1935	73,114,308	3,272,718	7,354,971	574,579	
6	1940	71,998,104	3,518,389	3,488,284	-	
7	1945	84,114,574	4,295,567	6,277,500	914,937	
8	1950	90,076,594	4,773,087	8,037,084	801,065	
9	1955	94,301,623	5,039,206	9,683,802	883,122	
10	1960	99,209,137	5,171,800	10,869,244	934,176	
11	1965	104,665,171	5,184,287	11,408,071	945,111	
12	1970	111,939,643	5,338,206	11,673,554	1,042,572	
13	1975	117,060,396	5,575,989	11,618,281	1,106,559	
14	1980	121,048,923	5,679,439	11,829,363	1,179,097	
15	1985	123,611,167	5,643,647	11,855,563	1,222,398	
16	1990	125,570,246	5,692,321	11,773,605	1,273,440	
17	1995	126,925,843	5,683,062	12,064,101	1,318,220	
18	2000	127,767,994	5,627,737	12,576,601	1,361,594	
19	2005	128,057,352	5,506,419	13,159,388	1,392,818	
20	2010	127,094,745	5,381,733	13,515,271	1,433,566	
21						

クロスセクションデータ

パネルデータ

図4.1　各データセット例

●●●　4.3　データの準備　●●●

4.3.1　基本的なデータのフォーマット

研究で得られたデータは，統計分析ソフトで読み込めるようなフォーマット（データの並び）に整形する必要がある。

データの整形には表計算ソフト（MS-Excel など）を利用する。基本的な

データのフォーマットは，第1行目に各項目の名称が並ぶ。本書で扱う統計処理ソフト JASP では，項目名に日本語が利用できない（本書執筆時点の Ver.0.10.2)。したがって，1行目の項目名には，半角の英数字を用いる。この1行目の文字列が，データを JASP に読み込んだときに，自動的に項目名となる。

つぎの2行目からは，実際のデータが並ぶ。例えば，100人分のデータが得られたら，1行目は項目名，2行目から101行目に，一人分ずつデータが並ぶ。

また，一般的に第1列目には通し番号（ID など）をつける。

整形されたデータの例を**図4.2**に示す。

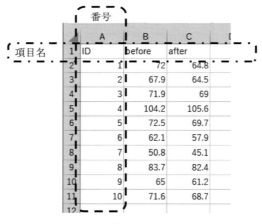

図4.2　整形されたデータの例

4.3.2　SQS で得られたデータの整形

3章で紹介したマークシートを作成し，読み取るフリーソフト SQS[1]で得られたデータの具体的な整形方法を紹介する。SQS は，質問紙を作成するソフトウェアと，質問紙の画像を読み取るソフトの二つから構成されている。ここでは，読み取った後のデータの整形の方法を示す。

〔1〕　**SQS で作成した質問紙の例**　図4.3は一人分の質問紙であり，これが調査人数分ある。それを MarkReader で読み取った場合を示す。

図 4.3　SQS での質問紙の例

　SQS で質問紙を読み取った後は、「処理結果」というフォルダーが作成され、その中に Excel ファイルが保存されている。

　〔2〕　**MarkReader で読み込まれたデータの例**　　処理結果の Excel ファイルには、未回答部分には黄色で、重複回答部分にはオレンジ色でセルが塗りつぶさてれている（**図 4.4**）。

　〔3〕　**データの整形**　　基本のデータフォーマット（第 1 行目に項目名、2 行目からデータ）にするため、はじめに上から 3 行分を削除し、項目名のみにする（**図 4.5**）。質問紙に通し番号が振られていることを利用し、項目名はアルファベット＋数字に変更した。さらに項目名となった部分の下の 2 行分も削除する。これは凡例の部分なので必要がない。つぎに、左から 3 列は削除し、

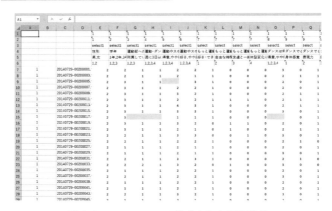

図 4.4　MarkReader で作成された処理結果

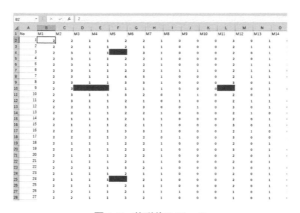

図 4.5　整形後のデータ

代わりに通し番号を挿入しておく。

　さらに，欠損値には NaN の文字を置換の利用などで入力する。

4.3.3　Google フォームで得られたデータの整形

　3 章で紹介した Web アンケートの Google フォームで得られたデータの具体
的な整形方法を紹介する。

1)　**Google フォームの画面（図 4.6）**

2)　**回答に切り替え，エクセルのマークをクリック（図 4.7）**

図4.6 Google フォームで作成した質問紙の例

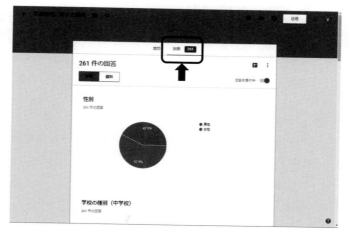

図4.7 回答への切り替え

3) Google スプレッドシート（表計算）で表示（図4.8）

4) Excel ファイルのダウンロード ［ファイル］→［ダウンロード］→ ［Micorsoft Excel］をクリックする（**図4.9**）。

そのほか .ods や .csv でも保存できるので直接 JASP に読み込む場合は，この二つでもよい。しかし，項目名に日本語が利用できないため，英数字の記号

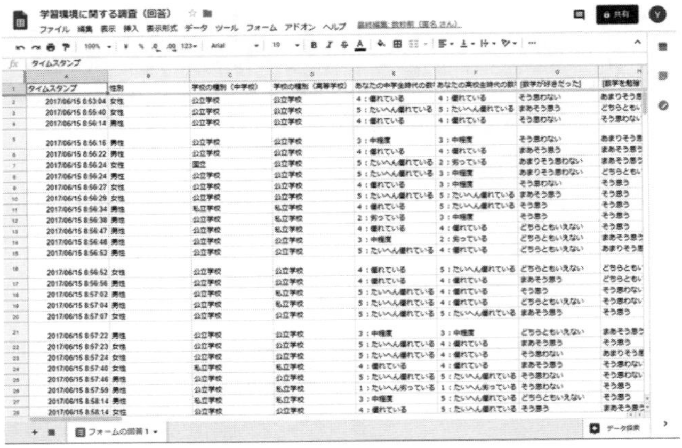

図4.8　表計算で結果を表示

図4.9　Excel ファイでダウンロード

に置き換える作業が必要である。

●●● 4.4　JASP のデータ読み込み ●●●

4.4.1　データの読み込み

実際に JASP でデータを読み込む手順を以下に示す。

1）　**JASP の起動とファイルの選択**（図4.10）

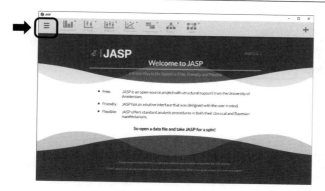

図4.10　JASP のファイルの選択

2）デスクトップ上のファイルの読み込み　　［OPEN］ → ［Computer］ →
［Desktop］をクリックする（**図4.11**）。

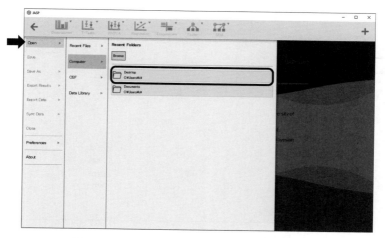

図4.11　コンピュータからのファイルを読み込む

3）ファイルの選択　　ここでは8章の例題のデータを読み込む。ファイ
ルを選択し，［開く（O）］ボタンをクリックする（**図4.12**）。

4）データの読み込み完了　　JASP にデータが読み込まれたら，表形式
で表示される（**図4.13**）。

図 4.12 ファイルの選択

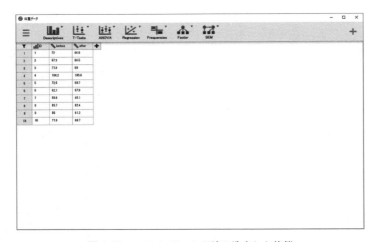

図 4.13 JASP にデータが読み込まれた状態

4.4.2 その他の操作

　JASP で解析した後，データのウィンドウが隠れてしまう場合がある。その場合は，**図 4.14** の黒四角の箇所にマウスを移動すると左右矢印の形になる。このときにクリックしながら左右に動かすと表のウィンドウと解析結果のウィンドウの表示位置の調整ができる。

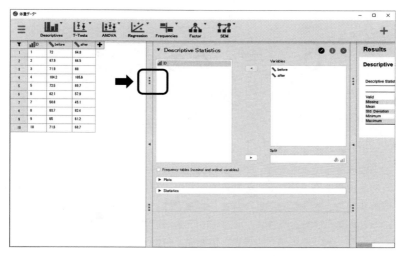

図 4.14 表示ウィンドウの位置調整

5. データの特徴を 把握する

データを分析する前に，用いるデータがどのような特徴を有するかを知る必要がある。本章では，データの特徴を数値的および視覚的に把握する方法を説明する。それぞれの数値や図がなにを表しているのかをきちんと理解することが重要である。なお，本章では，厳密な数学的説明は行わないので，関心がある読者は，ホエール[1]や永田[2]を参照されたい。

キーワード：平均値，中央値，最頻値，分散，標準偏差，相関係数，度数分布表，ヒストグラム，箱ひげ図，散布図，クロス集計表

●●● 5.1 特徴の数値的把握 ●●●

5.1.1 データの代表値

データの特徴を表す値のことを**代表値**という。代表値として，有名なものとして平均値と中央値，最頻値がある。

〔1〕 **平均値** データの総和をデータの個数で割ったものを**平均値**(mean)という。算術平均や加算平均と呼ばれることもある[†1]。n 個のデータ x_1, x_2, $\cdots$, x_n の平均値は，つぎのようになる[†2]。

$$\overline{x}=\frac{1}{n}(x_1+x_2+\cdots+x_n)=\frac{1}{n}\sum_{i=1}^{n}x_i \tag{5.1}$$

〔2〕 **中央値** データを小さい（大きい）順に並べたときの真ん中の値を**中央値**（median）という。データが偶数個の場合には真ん中の値が二つ存在するため，二つの値とも中央値とする考え方と二つの値の平均値を中央値とする考え方がある。

---

† 1 ほかに，加重平均や幾何平均，トリム平均と呼ばれるものもある。
† 2 x の右下の数は，添字といい，n 個のデータの中で何番目であるかを示す。

〔**3**〕 **最頻値** データの中で最も個数が多い値を**最頻値**（mode）という。

平均値と中央値，最頻値の特徴を，つぎの例題にて確認する。

【**例題 5.1**】 つぎのデータはある 9 人の年収データである。代表値を求めよう。

200　400　400　300　800　500　600　400　9 000 〔単位：万円〕

解答

データを小さい順に並べ替えると

200　300　400　400　400　500　600　800　9 000

平均値は

$$\frac{1}{9}(200+300+400+400+400+500+600+800+9\,000)=1\,400\ 万円$$

中央値は，400 万円，最頻値は，400 万円となる。

例題にある 9 000 万円のように，データの中で極端な（異常な）値のことを**外れ値**（outlier）という。例題のように，データに外れ値がある場合，平均値はその影響を強く受ける[†]。そのため，代表値を検討するうえで，平均値だけではなく中央値や最頻値にも目を向ける必要がある。

5.1.2　データの散布度

データの特徴を把握するうえで，代表値だけではなくデータの散らばり具合を把握する必要がある。このデータの散らばり具合のことを**散布度**といい，有名なものとして，四分位数と，偏差，分散，標準偏差がある。四分位数は中央値をもとにした散布度であり，偏差と分散，標準偏差は平均をもとにした散布度である。

〔**1**〕 **四分位数** 先ほどの例題について，年収を小さい順に並び替え，中央値を境にして，データをつぎのように上半分と下半分の二つに分ける。

---

† 平均値は，「データの重心」と解釈することができる。

中央値（第2四分位数）

$$\underbrace{200 \quad 300 \quad 400 \quad 400}_{\substack{\text{この中央値} \\ \text{（第1四分位数）}}} \quad \boxed{400} \quad \underbrace{500 \quad 600 \quad 800 \quad 9\,000}_{\substack{\text{この中央値} \\ \text{（第3四分位数）}}}$$

$$Q_1 = \frac{300 + 400}{2} = 350 \qquad Q_3 = \frac{600 + 800}{2} = 700$$

データの下半分の中央値，すなわち25%に位置する数を**第1四分位数**（25th percentile）といい，中央値を**第2四分位数**（50th percentile）という。

また，データの上半分の中央値，すなわち75%に位置する数を**第3四分位数**（75th percentile）という。これら三つを合わせて，**四分位数**（quartile）という。

〔2〕**偏 差**　各データと平均の差を**偏差**（deviation）という。式で表すと

$$x_i - \bar{x} \qquad (5.2)$$

となる。先の例題について，偏差を求めると**表5.1**のようになる。

表5.1から例題の年収データでは偏差の総和は0となるが，これはどのような場合にも当てはまる性質である。そのため，散布度の指標として，偏差をそのまま用いることはできない。

表5.1　例題の偏差と偏差の2乗

データ	偏差〔万円〕	偏差の2乗〔万円^2〕
200	-1 200	1 440 000
300	-1 100	1 210 000
400	-1 000	1 000 000
400	-1 000	1 000 000
400	-1 000	1 000 000
500	-900	810 000
600	-800	640 000
800	-600	360 000
9 000	+7 600	57 760 000
総和	0	65 220 000

〔3〕**分 散**　偏差の総和は0となるので，偏差の2乗の総和（偏差平方和）を散布度の指標として用いる。しかし，データの個数が大きくなるにつれて，偏差の2乗の総和は大きくなるので，平均値と同様にデータの個数で割る。このように，偏差の2乗の総和をデータの個数で割ったものを**分散**（variance）という。式で表すと，つぎのようになる。

$$s^2 = \frac{1}{n}\{(x_1 - \bar{x})^2 + (x_2 - \bar{x})^2 + \cdots + (x_i - \bar{x})^2\}$$

$$= \frac{1}{n}\sum_{i=1}^{n}(x_i - \bar{x})^2 \tag{5.3}$$

先の例題について，分散を求めると約 72 466 666 〔万円²〕となる。このように，分散はデータの値を 2 乗しているため，単位がもとのデータと異なる。

〔**4**〕 **標準偏差**　分散はもとのデータと単位が揃っていないため，分散の正の平方根をとる。このような，分散の正の平方根のことを**標準偏差** (standard deviation) という。式で表すと，つぎのようになる。

$$s = \sqrt{\frac{1}{n}\{(x_1 - \bar{x})^2 + (x_2 - \bar{x})^2 + \cdots + (x_i - \bar{x})^2\}}$$

$$= \sqrt{\frac{1}{n}\sum_{i=1}^{n}(x_i - \bar{x})^2} \tag{5.4}$$

先の例題について，標準偏差を求めると約 2 691 万円となる。論文において，標準偏差は，英語の頭文字をとって SD（standard deviation）を表されることが多い。

5.1.3 相 関 係 数

代表値と散布度は一つのデータの特徴を把握するものである。しかし，「気温とアイスクリームの売り上げの関係は？」「勉強時間とテストの点数の関係は？」のような，二つのデータの関係を検討することもあるだろう。このような，二つの量的なデータの関係のことを**相関関係**といい，相関関係を数値化したものを**相関係数** (correlation coefficient) という。

相関関係は，「正の相関」と「負の相関」「無相関」の 3 種類に分けられる。正の相関とは，「一方が増える（減る）と，他方も直線的に増える（減る）」関係である（**図 5.1**（a））。負の相関とは，「一方が増える（減る）と，他方は直線的に減る（増える）」関係である（図（b））。無相関とは，「二つの変数に関係がない」ことを示す（図（c））。

相関係数にはさまざまな種類があるが（**表 5.2**），本章では最も代表的なも

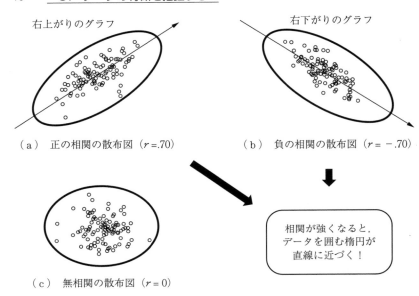

（a）　正の相関の散布図（$r = .70$）　　　　　（b）　負の相関の散布図（$r = -.70$）

相関が強くなると，
データを囲む楕円が
直線に近づく！

（c）　無相関の散布図（$r = 0$）

図 5.1　相関関係のイメージ

表 5.2　JASP で求めることができる相関係数

相関係数の種類	用　途
ピアソンの積率相関係数 （Pearson）	間隔尺度または比例尺度のデータのときに用いる。
スピアマンの順位相関係数 （Spearman）	順序尺度のデータのときに用いる。
ケンドールの順位相関係数 （Kendall's tau-b）	データが少ない，または多くの値が同じ値になるときに用いる。

のである**ピアソンの積率相関係数**（Pearson product-moment correlation coefficient：以下，r）を用いる。

ピアソンの積率相関係数は次式で表される。

$$r = \frac{\frac{1}{n}\sum_{i=1}^{n}(x_i - \bar{x})(y_i - \bar{y})}{\sqrt{\frac{1}{n}\sum_{i=1}^{n}(x_i - \bar{x})^2}\sqrt{\frac{1}{n}\sum_{i=1}^{n}(y_i - \bar{y})^2}} \tag{5.5}$$

相関係数は，−1から1までの値を取り，0に値が近づくほど二つの変数は

無相関であることを示す。一方，1に値が近づくほど正の相関が強く，−1に値が近づくほど負の相関が強いと考える。

　また，相関係数は二つのデータの直線的な関係についてのものであるため，曲線的な関係といった非直線の関係については検討できない。非直線の関係が認められる可能性を考えると，相関係数だけではなく散布図により相関関係を検討することも重要である。

　相関係数では，二つの変数の関係の強さがどの程度であるかわからないため，**寄与率**（r^2値）と呼ばれる値を考えることがある。寄与率は相関係数を2乗したもので，「一方の変数で他方の変数を何％説明できるか」を示す。ただし，寄与率だけでは正の相関か負の相関であるかを判断できないため，相関係数を求めるのが一般的である。

　相関係数と寄与率の数学的な基準として，**表5.3**のものがある。ただし，この基準はあくまで数学的な基準であり，相関の強さについてはその研究領域の通念や先行研究をもとに相関の強さを判断する必要がある。

表5.3　相関係数の基準

目　安	相関係数の大きさ	r^2　値
強い相関	±0.7〜±1.0	0.49〜1.0
中程度の相関	±0.4〜±0.7	0.16〜0.49
弱い相関	±0.2〜±0.4	0.04〜0.16
ほぼ相関なし	0〜±0.2	0〜0.04

●●● 5.2　特徴の視覚的把握 ●●●

　データの特徴を把握するうえで，ただデータを眺めるのではなく，グラフや表を作成し，直感的にデータの特徴を把握することが重要である。

　つぎのデータ1と2は，2018年8月の横浜と札幌の最高気温を日付順に並べたものである。以下では，このデータの特徴を視覚的に把握する方法を説明

データ1　2018年8月の横浜の最高気温〔単位：℃〕

34.9	35.5	36.1	34.3	34.6	33.1	25.4	25.1	32.1	33.6	34.3
29.7	33.8	33.2	32.5	31.5	29.9	27.5	28.6	27.0	33.2	33.6
32.9	29.7	33.8	35.7	35.6	31.7	29.9	33.0	34.6		

データ 2 2018 年 8 月の札幌の最高気温〔単位：℃〕

32.5	29.6	28.7	25.8	25.5	27.5	24.1	27.4	25.4	26.9	22.1
26.8	26.6	23.4	21.9	19.6	19.9	23.0	22.7	27.9	25.2	29.7
29.4	24.0	24.3	24.6	22.0	23.3	22.3	21.8	22.2		

する。

〔1〕 **度数分布表**   表 5.4 は，18℃ から 38℃ まで 2℃ 間隔でデータ 1 とデータ 2 を表にまとめたものである。間隔の範囲を**階級**といい，各階級に含まれるデータの個数を**度数**，度数をデータ数で割った値を**相対度数**，特定の階級までに含まれる度数を**累積度数**という。表 5.4 のように，各階級に度数や相対度数，累積度数を対応させた表を**度数分布表**（frequency table）という。

表 5.4 2018 年 8 月の横浜と札幌の最高気温の度数分布表

階級〔℃〕 以上～未満	横　浜			札　幌		
	度数	相対度数	累積度数	度数	相対度数	累積度数
18～20	0	0.00	0	2	0.06	2
20～22	0	0.00	0	2	0.06	4
22～24	0	0.00	0	8	0.26	12
24～26	2	0.06	2	8	0.26	20
26～28	2	0.06	4	6	0.19	26
28～30	5	0.16	9	4	0.13	30
30～32	2	0.06	11	0	0.00	30
32～34	11	0.35	22	1	0.03	31
34～36	8	0.26	30	0	0.00	31
36～38	1	0.03	31	0	0.00	31
合計	31	1		31	1	

なお，JASP では名義尺度と順序尺度のデータで度数分布表をつくることができるが，間隔尺度と比率尺度のデータではつくることができない。ただし，ヒストグラムはデータの種類によらず作成できるので，ヒストグラムを用いるとよい。

〔2〕 **ヒストグラム**（**柱状グラフ**）   度数分布表の階級を横軸に，度数を縦軸にしたグラフを**ヒストグラム**（histogram）という。表 5.4 の度数分布表

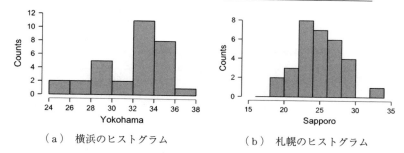

（a） 横浜のヒストグラム　　　　（b） 札幌のヒストグラム

図5.2 横浜と札幌の最高気温のヒストグラム

をJASPでヒストグラムにすると**図5.2**のようになる。

〔3〕 **箱ひげ図**　　四分位数をグラフ化したものを**箱ひげ図**（boxplot）という。データ1，2の箱ひげ図をJASPで作成すると，**図5.3**，**図5.4**のようになる。図のように，箱ひげ図は，最小値と第1四分位数，中央値（第2四分位数），第3四分位数，最大値を箱とひげ（線）で示している。

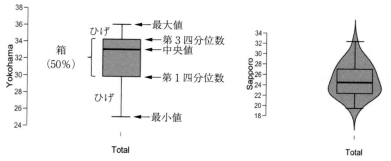

図5.3 横浜の最高気温の箱ひげ図　　　**図5.4** 札幌の最高気温の箱ひげ図とバイオリン図

なお，JASPでは，図5.4のように箱ひげ図にデータの分布を加えた**バイオリン図**†（violin plot）を出力することもできる。

〔4〕 **散布図**　　**図5.5**の右上のように，二つのデータの組を座標とする点をとった図を**散布図**（scatter plot）という。散布図は，二つのデータの相関関係を検討するときに用いる。JASPで散布図を出力すると，図5.5のように，

---

†　厳密には，カーネル密度推定を左右対称に描いたものである。

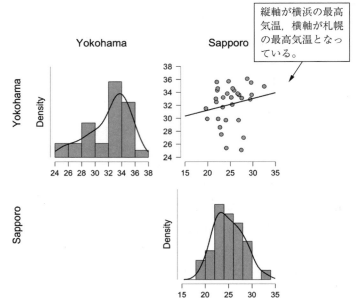

縦軸が横浜の最高気温，横軸が札幌の最高気温となっている。

図5.5 横浜と札幌の最高気温の散布図

二つのデータのヒストグラムも同時に出力される。

〔5〕 **クロス集計表**   **表5.5**のように，二つの質的データを整理した表を**クロス集計表**（cross table）という。クロス集計表の縦軸と横軸が連関する[†]かを検討したい場合は，カイ2乗検定を用いるとよい。

また，より初等的な表やグラフの一覧と用途を**図5.6**に記す。

表5.5 性別とA商品購入のクロス集計表

		A商品		計
		買う	買わない	
性別	男子	20	10	30
	女子	10	40	50
	計	30	50	80

---

†   二つの質的データの関係を**連関関係**という。詳しくは13章を参照。

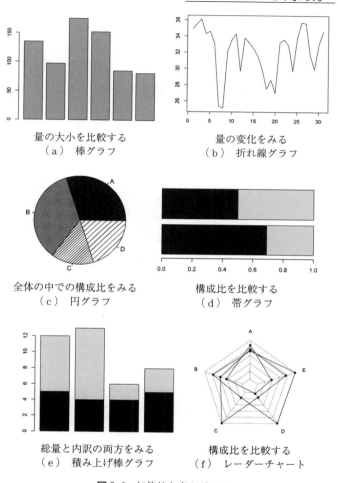

図5.6　初等的な表やグラフ

●●● 5.3　JASP での求め方 ●●●

ここでは，先ほど扱ったデータ 1，2（「気温データ .csv」）を用いて，JASP でデータの特徴を数値的および視覚的に把握する方法を確認する。

JASP において，データの特徴を数値的および視覚的に把握するには

[Descriptives]
→ [Descriptive Statistics]

を選択する。すると、つぎの画面が出力される（**図5.7**）。特徴を把握したい
データを［Variables］に移す。すると、**図5.8** が出力される。

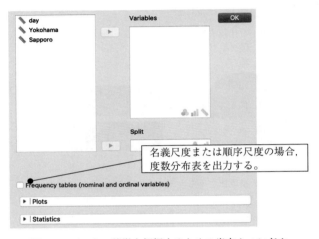

図5.7　データの特徴を把握するための出力ウィンドウ

Descriptive Statistics

	Yokohama	Sapporo
Valid	31	31
欠損値→ Missing	0	0
Mean	32.14	25.04
Std. Deviation	3.017	3.099
最小値→ Minimum	25.10	19.60
最大値→ Maximum	36.10	32.50

図5.8　代表値と散布度の結果ウィンドウ

　中央値や最頻値、四分位数などを出力したい場合には、［Statistics］から求め
たいものを選択すればよい（**図5.9**）。
　また、データの特徴を視覚的に把握したい場合は、［Plots］から求めたいグ
ラフや表を選択する（**図5.10**）。

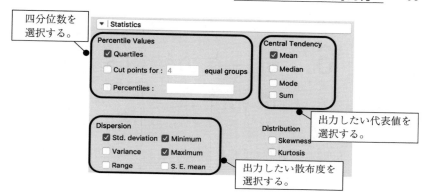

四分位数を
選択する。

出力したい代表値を
選択する。

出力したい散布度を
選択する。

図5.9　代表値と散布度の出力ウィンドウのオプション

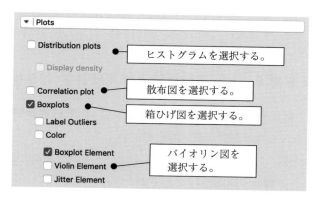

ヒストグラムを選択する。

散布図を選択する。

箱ひげ図を選択する。

バイオリン図を
選択する。

図5.10　図表の出力ウィンドウ

6. データの特徴を推測する

　統計学は集団の特徴を記述する「記述統計学」と母集団の特徴を推測する「推測統計学」に大別される。5 章の内容は，記述統計学の方法論といってよい。本章では「推測統計学」における「統計的推定」と「統計的検定」に焦点を当て，これらの概要および「頻度論的統計」について説明する。

　キーワード：記述統計学，推測統計学，統計的推定，統計的検定，標本統計量，母数，帰無仮説，対立仮説，有意水準，p 値，95%信頼区間，頻度論的統計

●●● 6.1　記述統計学と推測統計学 ●●●

　統計学は，**記述統計学**（descriptive statistics）と **推測統計学**（inferential statistics）に分けることができる（**図 6.1**）。

　記述統計学とは，対象となる集団に関するデータを分析することで，代表値や散布度といった特性を明らかにする統計学である（図（a））。しかし，集団

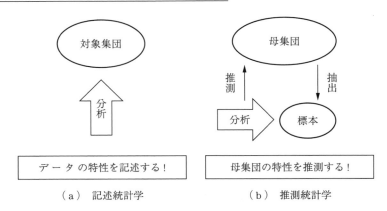

（a）　記述統計学　　　　　　　　（b）　推測統計学

図 6.1　記述統計学と推測統計学

が大きい場合には，実験や調査を行うことに莫大な時間と費用が掛かってしまう。

　一方，推測統計学とは，対象となる集団全体（**母集団**：population）の一部のみに対して実験や調査を行い，集めたデータ（**標本**：sample）を分析することで，母集団の特性を推測する統計学である（図（ b ））。標本に含まれる個体の総数を**標本の大きさ**や**サンプルサイズ**といい，母集団から標本を取り出すことを**抽出**という。

　以下では，推測統計学における重要な概念について説明する。

6.1.1　データの抽出方法

　母集団の特性を正確に推測するにあたり，母集団の様子がなるべく反映された標本を抽出する必要がある。そのために，標本は母集団から各データが等しい確率で（無作為に）抽出されるようにする。このような抽出法は**無作為抽出**（random sampling）と呼ばれ，推測統計学の前提となっている。

　無作為抽出は，**単純無作為抽出**と**層化無作為抽出**の大きく二つに分けられる。単純無作為抽出とは，母集団のすべての要素が等しい確率で抽出されることである。一方，層化無作為抽出は，年齢や住んでいる都市ごとに，母集団をいくつかの層に分けて行う無作為抽出である。

6.1.2　標本統計量と母数

　推測統計学では，標本における代表値と散布度の値と，母集団におけるそれらの値を区別する。標本における値は**標本統計量**（sample statistics）または**統計量**（statistics）といい，母集団における値を**母数**（parameter）または**パラメータ**という。

　標本統計量には小文字のアルファベット，パラメータには小文字のギリシャ文字を慣習的に用いる。例えば，標本の平均を $\bar{x}$，母集団の平均を μ のように表すことが多い。

6.1.3 標 本 分 布

　標本を無作為抽出するため，抽出された標本により標本統計量の値は異なる。例えば，日本人男性を母集団とする。身体に関するある測定値 A について，10 人からなる標本を無作為抽出し，それぞれの標本における平均を求めると，標本により平均が微妙に異なる（**図 6.2**）。

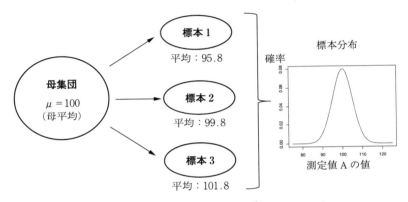

図 6.2　測定値 A の標本分布〔栗原[1]をもとに作成〕

　推測統計学では，図 6.2 のように標本により平均が異なることを，「標本平均が分布する」と考える。そして，標本における平均のような，標本統計量の分布のことを**標本分布**（sampling distribution）という[†1,†2]。また，標本平均における標準偏差のことを，**標準誤差**（standard error）という。

6.1.4 推測統計学の目的

　推測統計学では，母集団において平均値に差が**あるのか**を判定する**統計的検定**（statistical testing）と，平均値の差は**どのくらいであるか**を求める**統計的推定**（statistical estimation）が主たる目的である。以下では，統計的検定と統計的推定について説明する。

---

　†1　標本分布は「特定の標本におけるデータの分布」ではないので注意されたい。
　†2　「標本分布」という訳語では，†1 のような間違いがする人も多いため，「標本抽出分布」と説明されることもある。「標本抽出分布」のほうが，"sampling distribution" の意味を適切に反映している。

●●● 6.2　統 計 的 検 定 ●●●

　統計的検定とは，「母集団において平均値に差がある」というような仮説を検定（判定）することである。仮説を検定することから，**統計的仮説検定**（statistical hypothesis testing）と呼ばれることもある。統計的検定は，**図6.3**の手順で行われる。

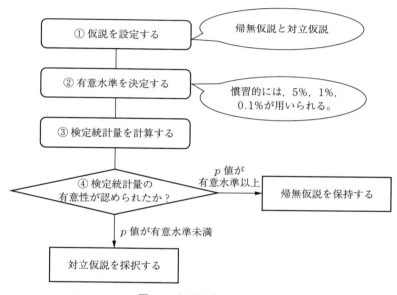

図6.3　統計的検定の手順

　以下では，それぞれの手順の詳細を説明する。

6.2.1　仮説を設定する

　まず，統計的検定では，母集団に関する統計上の仮説として「**帰無仮説**（null hypothesis：H_0）」と「**対立仮説**（alternative hypothesis：H_1）」を立てる。一般に，帰無仮説とは，平均値に差がないや相関係数が0であるといった，否定されてほしい，つまり「無に帰したい」仮説である。一方，対立仮説

とは，帰無仮説とは相反する，つまり肯定されてほしい仮説である。

分析法により帰無仮説と対立仮説は決まっているので，分析の前にそれぞれを確認することが望ましい。帰無仮説と対立仮説の具体例を**表6.1**に記す。

表6.1 帰無仮説と対立仮説の例

検　定	帰無仮説	対立仮説
2群の平均値の差	母平均に差がない	母平均に差がある
2群の分散の差	母分散に差がない	母分散に差がある
相関係数	母相関係数が0である	母相関係数が0ではない

6.2.2　有意水準を決定する

統計的検定では，この帰無仮説と対立仮説を検定する。検定に際して，帰無仮説 (H_0) が正しいのに対立仮説 (H_1) を正しいとする誤りと，対立仮説 (H_1) が正しいのに帰無仮説 (H_0) を正しいとする誤りがある (**表6.2**)。前者の誤りを**第1種の誤り** (type I error) または**偽陽性** (false positive)，後者の誤りを**第2種の誤り** (type II error) または**偽陰性** (false negative) という。なお，表6.2では，第1種の誤りの確率を α，第2種の誤りの確率を β としている。

表6.2 統計的検定における2種類の誤り

分析者の判断 （検定による判断）	事　実	
	帰無仮説が正しい	対立仮説が正しい
対立仮説が正しい （帰無仮説を棄却）	第1種の誤り α	正しい判断 $1-\beta$
帰無仮説が正しい （帰無仮説を保持）	正しい判断 $1-\alpha$	第2種の誤り β

第1種の誤りを犯す確率の上限値のことを**有意水準** (level of significance) または**危険率**という。つまり，有意水準とは「間違って，肯定されてほしい仮説を正しいといってしまう」確率である。統計的検定では，有意水準を決定したうえで，第2種の誤りを犯す可能性を最小化しようとする。なお，有意水準は慣習的に5%，1%，0.1%に設定されることが多い。

表6.2では，β が第2種の誤りの確率であるが，$1-\beta$ は対立仮説が正しいときに対立仮説を正しいと判断する確率である。この確率を**検出力**（power）という。つまり，検出力とは，「肯定されてほしい仮説が正しいといい切れる」確率のことである。なお，検出力は，有意水準を高くすること，標本の大きさを大きくすることによって，高くすることができる。

6.2.3　検定統計量を計算する

検定するための統計量である検定統計量を計算する。検定統計量は，検定したい仮説によって，t 統計量や F 統計量などと決まっている。興味がある読者は，栗原[1]やホエール[2]を参照されたい。

6.2.4　検定統計量の有意性を判定する

帰無仮説が正しいと考えたときの検定統計量の分布（帰無分布）において，設定した有意水準以下の確率が起こる範囲を求める。この範囲のことを，**棄却域**（rejection region）という。棄却域以外の領域を**採択域**といい，棄却域と採択域の境界の値を**臨界値**という（**図6.4**）。

棄却域は，帰無分布の両端 $\alpha/2$ ずつ合わせて α を範囲とすることと，片端 α を範囲とすることの二つの場合がある。前者に従う検定を**両側検定**

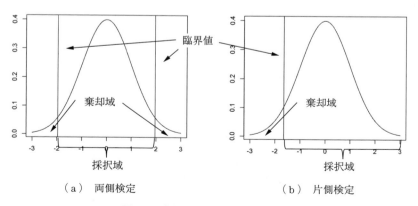

（a）両側検定　　　　　　　　（b）片側検定

図6.4　棄却域と両側検定，片側検定

（図（a）），後者に従う検定を**片側検定**という（図（b））。

計算した検定統計量が，棄却域に含まれる場合，「帰無仮説とは整合的ではないことが起きた」と考える。そして，「これはそもそも帰無仮説が間違っているから起きた」と考え，帰無仮説を**棄却**（reject）し，対立仮説を採択（accept）する。帰無仮説が棄却されたときの検定統計量は「**統計的に有意**（statistically significant）である」または「有意である」という。

帰無仮説を棄却できない場合は，解釈に注意が必要である。あくまで，帰無仮説を捨てられないのであって，積極的に帰無仮説を採用しているわけではない。そのため，帰無仮説が棄却できない場合は，帰無仮説を採択するというよりは，「棄却できない」または「保持する」と考える。

6.2.5 *p* 値

検定の結果を記すとき，代表値や散布度，検定統計量とともに***p* 値**（*p*-value）と呼ばれる値が報告される。*p* 値とは，帰無分布において計算された検定統計量よりも極端な値をとる確率のことである（**図 6.5**）。つまり，*p* 値は「帰無仮説が正しい場合に，その検定統計量よりも大きな値である確率」と解釈できる。よって，*p* 値が小さければ，帰無仮説は正しくない（対立仮説が正しい）と考える。

p 値が，有意水準未満であれば「統計的に有意である」といえる。例えば，

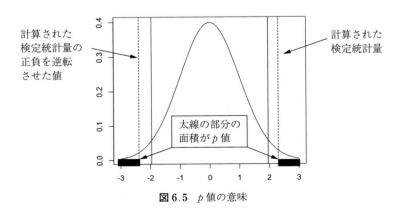

計算された検定統計量の正負を逆転させた値

計算された検定統計量

太線の部分の面積が *p* 値

図 6.5 *p* 値の意味

$p = .03$ であれば，有意水準が 5%なら有意であるが，1%なら有意ではないと判断する。結果を報告する場合，$p = .03$ と具体的な値を報告する場合と，$p <$.05 のように有意水準に従い報告する場合があるので注意が必要である。

　p 値の定義から，<u>p 値は「効果の大きさ」を示す値ではない</u>。効果の大きさについては，**効果量**（effect size）という指標を用いる。効果量は用いる分析により異なるので，分析ごとに確認されたい（8，9章参照）。

●●● 6.3　統 計 的 推 定 ●●●

　統計的推定とは，「母集団において平均値に差がどのくらいあるのか」というように，パラメータを推定することである。統計的推定には，パラメータの1つの値で推定する「**点推定**（point estimation）」と，パラメータの値をある程度の幅をもって推定する「**区間推定**（interval estimation）」がある。

　以下では，点推定と区間推定について説明する。

6.3.1　点　　推　　定

　パラメータの点推定に用いられる標本統計量のことを**推定量**（estimator），計算された推定量の具体的な値を**推定値**（estimate）という。推定量と推定値という言葉を混同する人が多いので，注意されたい。

　推定量を導く代表的な数学の方法として，**最尤法**（maximum likelihood method）がある。最尤法とは，<u>パラメータの「データへの当てはまりのよさ」の指標である尤度（likelihood）が最大となるパラメータの値を推定値として用いる方法</u>である。最尤法により，推定されたパラメータの値を**最尤推定値**（maximum likelihood estimate）という。

6.3.2　区　　間　　推　　定

　点推定で得られた推定値が実際とパラメータの値との間には，誤差が生じてしまう。そこで，一定の値ではなく，一定の幅でパラメータを推定する区間推定がよく用いられる。

区間推定では，「設定した確率のもとでパラメータを含む区間」を求める。この設定した確率のことを**信頼係数**（confidence coefficient）や**信頼水準**，推定される区間のことを**信頼区間**（confidence interval：CI）と呼ぶ。信頼係数は，0.95 や 0.99 に設定されることが多い。つまり，95％信頼区間や99％信頼区間を求めることが多い。

区間推定では，推定しようとするパラメータの値は未知であるが，特定の値をとることを前提としている[†]。つまり，パラメータが「その信頼区間の中で変動する」のではなく，信頼区間の両端が変動すると考える。そのため，95％信頼区間は，「パラメータが95％の確率で含まれる区間」ではなく，「信頼区間に関する推定を繰り返すと，そのうちの95％はパラメータを含む」と解釈する（図6.6）。

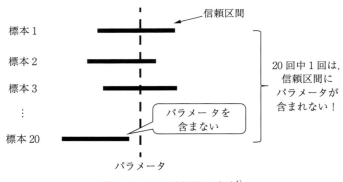

図 6.6 95％信頼区間の意味[1]

また，信頼区間には，つぎのような性質がある。

1）　サンプルサイズが大きくなると，信頼区間の幅が小さくなる　　信頼区間の幅が小さい，つまり精度の高い推定を行うためには，サンプルサイズを大きくするといい。

2）　統計的検定で有意であれば，信頼区間に0を含まない　　ある検定の結

[†]　このことは，7章で説明する「ベイズ統計」とは異なる。ベイズ統計では，パラメータを特定の値ではなく「確率分布」するものと捉える。

果が5%有意であれば，95%信頼区間に0が含まれない。そのため，信頼区間を提示すれば，必ずしもp値を報告しなくてもよいと考えることもできる。

　なお，信頼区間の導出方法については，本書では説明しない。信頼区間の導出方法に興味がある読者は，栗原[1]や南風原[3]を参照されたい。

●●● 6.4　頻 度 論 的 統 計 ●●●

　ここまで説明してきた統計的検定と統計的推測は，サイコロを振るといった，反復可能な実験で起こる出来事の相対頻度をもとにした確率に基づく。このような確率を頻度論的確率といい，この確率に基づき体系化された統計学を**頻度論的統計学**（frequentist statistics）という。本書では，頻度論的統計学に基づく検定や推定を**頻度論的分析**と呼ぶ。

　頻度論的分析では，帰無仮説が正しいときにその検定統計量よりも大きな値をとる確率（p値）や，パラメータは未知だが固定された一つの値として推定量を求めてきた。つまり，頻度論的分析では，仮説やデータが与えられたうえで，データから検定ないし推定してきたといえる。

　しかし，いままでの検定や推定とは逆の，つまりデータが与えられたときに仮説が正しいか，あるいはパラメータがどのような値をとるかについて検定や推定を行う方が自然な考え方だろう。

　データから仮説やパラメータを直接的に検定や推定する方法として，**ベイズ統計学**に基づく**ベイズ的分析**がある。ベイズ的分析では，仮説の真偽やパラメータについて，主観確率とベイズの定理を導入することで，直接的に検討することができる。つぎの7章では，ベイズ統計学とベイズ的分析の詳細について説明する。

●●● 6.5　JASP における頻度論的分析の実際 ●●●

　本章の最後に，頻度論的分析を行うと，どのような結果が得られるのかをつぎのデータを検討することで確認する。

A組とB組の生徒に英語の小テスト（20点満点）を行ったところ

    A：10, 8, 12, 8, 9, 11, 20, 7, 13, 6

    B：15, 13, 12, 18, 19, 10, 20, 11, 13, 14

のような結果が得られた。

A組とB組の生徒で，小テストの平均点に差があったかどうかを検定し，その差がどのくらいであるかを推定する。JASPで分析を行うと，**図6.7**および**図6.8**のような結果となる。

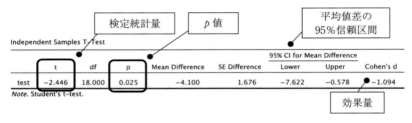

図6.7　小テストの平均点の差の検定の結果

 p値の誤用

p値は，長年にわたり誤解および誤用されてきた指標である。そのため，一部の学会ではp値の使用が禁止され，科学者や統計学者の中にはp値の使用をやめるべきだと主張する人もいる。

アメリカ統計学会（American Statistical Association：ASA）は2016年3月に，"The ASA's statement on p-value：context, process, and purpose" という声明を発表する[4]。この声明では，p値の定義と六つの原則について説明がなされている。六つの原則とは，つぎのようなものである。

1)　p値は，データが特定の統計モデルとどの程度整合しないかを示すものである。

2)　p値は，研究している仮説が正しい確率，またはデータが偶然得られた確率を測定するものではない。

3)　科学的な決定や，ビジネスおよび政策における決定は，p値が一定の値に達したかに基づくべきではない。

4)　適切な推測には，十分な報告と明白さが求められる。

5)　p値や統計的有意性は，効果の大きさや結果の重要性を測定していない。

6)　p値自体は，モデルや仮説に関するエビデンスのよい指標を提供しない。

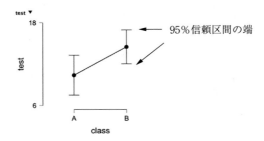

図6.8　クラスごとの平均点と95％信頼区間

　この分析での仮説は，「帰無仮説（H_0）：平均値に差がない」と「対立仮説（H_1）：平均値に差がある」である。p 値が，$p = .025$ であるため，5％水準で有意である。よって，A 組と B 組の間には，小テストの平均点に差があったと判断できる。また，平均値の差の95％信頼区間が［$-7.622, -0.578$］であることからも，A 組と B 組の平均点に差があったことがわかる。

　ただし，対象者がそれぞれのクラスで10人ずつと少ないため，95％信頼区間の幅が -7.6 点から -0.5 点と広い。より精度の高い推定を行うためには，より多くの人数が必要である。

　効果量の値が，$d = 1.09$ であることは，「統計学上の平均値差が大きい」ことを意味している（8章参照）。ただし，「統計学上」の差が大きいのであった，実質科学的にその差の意味がどのようなものであるかは検討が必要である。なお，ここでの分析の詳細について，8章を参照されたい。

7. ベイズ統計を把握する

本章では，ベイズ的分析の根幹をなすベイズ統計がどのようなものであるかを概観する。まず，ベイズ統計の根幹であるベイズの定理を説明し，ベイズ統計の大まかな理論を確認する。そして，頻度論的統計との共通点と差異を明らかにしたうえで，どのような場面で両者を使うべきかについて検討する。なお，厳密な数学的な説明は行わないので，関心がある読者は豊田[1]や南風原[2]を参照されたい。

キーワード：ベイズの定理，事前分布，尤度，事後分布，確信区間，ベイズファクター

●●● 7.1 ベイズの定理 ●●●

7.1.1 確率とはなにか

確率（probability）とは，ある事柄の起こることが期待される割合である。確率は，割合であるため取りうる値は 0 以上 1 以下となる。一般的に，事柄 A が起こる確率は $p(A)$ と表される。

頻度論的統計とベイズ統計の違いとして，この確率の解釈があげられる。

〔1〕 **頻度論的統計における確率**　観測，実験した回数を n 回とし，その中で A が起こった回数を a 回とするとき

$$\frac{a}{n} \tag{7.1}$$

を**相対頻度**という。この n が限りなく大きくなったとき，相対頻度は確率 $p(A)$ に限りなく近づくというのが，頻度論的統計における確率の解釈である。このように，相対「頻度」を基本とした確率を頻度論的確率という。

〔2〕 **ベイズ統計における確率**　ベイズ統計では，主観確率という確率の解釈を行う。主観確率とは，仮説の正しさのように，0 から 1 の間で表現した個

人的な信念のことである。ベイズ統計は，仮説の真偽やパラメータの値に関する主観確率を認め，検定や推定を行う。

7.1.2 同時確率と条件付き確率

二つの事柄 A と B に関する確率として，**同時確率**（joint probability）と**条件付き確率**（conditional probability）がある。同時確率とは，<u>事柄 A と事柄 B が同時に起こる確率</u>のことであり，$p(A, B)$ や $p(A \cap B)$ と表す。一方，条件付き確率とは，<u>あることが起こったとき（所与のとき），別の事柄が起こる確率</u>のことである。例えば，事柄 A のもとで，事柄 B が起こる確率を「A を所与とした B の条件付き確率」といい，$p(B|A)$† と表す。

では，ここまでに説明した確率について，例題7.1で確認する。

【例題7.1】 表7.1のような，ある学年のクラスと人数について，（1）　A組の生徒が選ばれる確率，（2）　B組の男性が選ばれる確率，（3）　女性が選ばれることがわかっているとき，B組の生徒が選ばれる確率を求めよう。

表7.1　ある学年のクラスと男女の人数

性 組	男	女	合計
A	20	15	35
B	12	18	30
合計	32	33	65

解答

（1）　A組の生徒が選ばれる確率は，$p(A)$ と表され，$p(A) = \dfrac{35}{65}$である。

（2）　B組の男性が選ばれる確率は，$p(B, 男)$ と表され，$p(B, 男) = \dfrac{12}{65}$である。

（3）　女性が選ばれるとわかっているとき，B組の生徒が選ばれる確率は（**表7.2**），$p(B|女)$ と表され，$p(B|女) = \dfrac{18}{33}$である。

表7.2　$p(B|女)$ の考え方

性 組	男	女	合計
A	20	15	35
B	12	18	30
合計	32	33	65

女性とわかっているから，ここだけを考える！

---

†　"|" は given のことであり，$p(B|A)$ は「p B given A」と読む。

例題 7.1 の（3）のように，条件付き確率ではその条件となる事柄について
のみ考えればいいので，つぎの式 (7.2) から導くことができる。

$$p(\mathrm{B}|\mathrm{A}) = \frac{p(\mathrm{A,B})}{p(\mathrm{A})} \tag{7.2}$$

7.1.3　ベイズの定理

式 (7.2) の A と B を入れ替えると

$$p(\mathrm{A}|\mathrm{B}) = \frac{p(\mathrm{A,B})}{p(\mathrm{B})} \tag{7.3}$$

A と B を入れ替えても，
p (A, B) は変わらない！

が得られる。式 (7.3) の両辺に p (B) をかけて，左辺と右辺を入れ替えると

$$p(\mathrm{A,B}) = p(\mathrm{A}|\mathrm{B})p(\mathrm{B}) \tag{7.4}$$

式 (7.4) を式 (7.3) に代入すると

$$p(\mathrm{B}|\mathrm{A}) = \frac{p(\mathrm{A}|\mathrm{B})p(\mathrm{B})}{p(\mathrm{A})} \tag{7.5}$$

が得られる。この式 (7.5) を**ベイズの定理**（Bayes' theorem）という。

●●● 7.2　ベイズ的分析の枠組み ●●●

7.2.1　ベイズ的分析の方法

式 (7.5) について，A を D（データ：既知），B を θ（パラメータ：未知）
とし，確率が分布すると考え，p を f とすると

$$f(\theta|\mathrm{D}) = \frac{f(\mathrm{D}|\theta)f(\theta)}{f(\mathrm{D})} \tag{7.6}$$

となる。右辺の分母にある f (D) は「データが得られる」確率分布であり，
正規化定数（normalizing constant）という。右辺の分子にある f (θ) はデー
タが得られる前に想定するパラメータの確率分布であり，**事前分布**（prior
distribution）という。一方，f (D$|\theta$) は「パラメータが得られたときに，そ
のデータが得られる」確率分布であり，パラメータに対するデータの当てはま
り（もっともらしさ）を示すので，**尤度**（likelihood）という。また，左辺に
ある f ($\theta|$D) は，「データが得られたときに，パラメータが得られる」確率分

布であり，**事後分布**（posterior distribution）という。

　ここで，正規化定数 $f(D)$ がパラメータの値とは関係のない定数であることを踏まえると，事後分布 $f(\theta|D)$ は式 (7.6) の分子により決まることがわかる。そのため，事後分布 $f(\theta|D)$ は

$$f(\theta|D) \propto f(D|\theta)f(\theta) \tag{7.7}$$

と表される[†1]。式 (7.7) は，「事後分布は，尤度と事前分布の積に比例する」ことを意味している[†2]。

　ベイズ的分析では，式 (7.7) の枠組みに従い，パラメータの事前分布を設定し，既知であるデータから計算される尤度に掛け合わせて，パラメータの事後分布を求める。パラメータの事後分布，つまり「データが得られたとき」のパラメータの確率分布を求めるため，パラメータを確率的に評価できる。このことはベイズ分析の特徴である。

7.2.2　事前分布の設定

　パラメータの事後分布を求めるために，まず事前分布を設定する必要がある。事前分布に関する情報がまったくない場合，**無情報事前分布**（noninformative prior distribution）を用いる。無情報事前分布は，事前の情報を基本的に無として，事後分布になるべく影響を与えないような事前分布である。基本的に，無情報事前分布には，幅の広い分布が用いられる[†3]。

　ベイズ的分析は，**私的分析**（private analysis）と**公的分析**（public analysis）に分けられる。私的分析とは，会社の売り上げを推測するというような，分析者とその仲間で結果を利用するための分析である。一方，公的分析とは，分析結果を論文や報告書に示すというような，結果を社会に還元するための分析である。

　私的分析では，安定した事後分布を得やすい，または分析者がそうだと信じ

---

†1　∝は比例するということを意味し，「プロポーション」と読む。
†2　なお，式 (7.7) の右辺である尤度 $f(D|\theta)$ と事前分布 $f(\theta)$ の積はベイズの定理における本質的な部分であるため，**カーネル**（kernel：核）と呼ばれる。
†3　幅の広い一様分布や分散が大きい正規分布が用いられる。

る事前分布を用いることが多い。一方，公的分析では，事前分布の客観性が求められるため，無情報事前分布を用いることが多い。ベイズ的分析を行う場合，その目的がなんであるのか，私的分析なのか，それとも公的分析なのかということに留意する必要がある。

7.2.3　パラメータの事後分布

ベイズ的分析では，パラメータの事後分布を評価する方法として，（1）一つの値でパラメータを評価する点推定による方法と，（2）パラメータを一定の幅の値で評価する区間推定による方法がある。

〔1〕　**点推定による方法**（図7.1）

1）**事後期待値**（EAP：expected a posteriori）
事後分布の平均値（期待値）。

2）**事後中央値**（MED：posteriori median）
事後分布の中央値。

3）**事後確率最大値**（MAP：maximum a posteriori）　事後分布の最頻値。なお，JASP では MAP 推定量は算出されない。

4）**事後分散**（posteriori variance）　事後分布の分散。

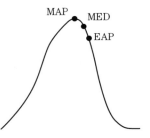

図7.1　事後期待値，中央値，確率最大値の例

5）**事後標準偏差**（posteriori standard deviation）　事後分散の正の平方根。事後分散と事後標準偏差とも，パラメータが EAP 周辺でどの程度散らばっているかの指標となる。

6）**標準誤差**（standard error）　EAP 推定値の標準偏差。パラメータの推定値（EAP 推定値）がどの程度散らばっているかの指標となる。標準誤差が大きいことは推定の精度が低いことを意味している。つまり，標準誤差は，推定の精度を表している。

〔2〕　**区間推定による方法**　ベイズ的分析では，パラメータを区間推定する方法として**確信区間**（credible interval）を用いる。事後分布の両端から合わ

せて α%抜き取り，残り $(100-\alpha)$%の区間を **$(100-\alpha)$%確信区間** という。$(100-\alpha)$%確信区間は<u>パラメータが存在する確率が $(100-\alpha)$%である区間</u>を意味し，頻度論的統計における $(100-\alpha)$%信頼区間とは意味が異なる概念である。

$(100-\alpha)$%確信区間は，**等裾区間**（equal tail interval）と**最高事後密度区間**（highest posterior density interval）の2種類がある。

等裾区間とは，事後分布の両端から $\alpha/2$%ずつ抜き取ったものである（**図7.2**の太線部分）。事後分布の形状によらず，等裾区間は両端から $\alpha/2$%ずつ抜き取っているため，確率が高い部分が省かれることがある（**図7.3**）。

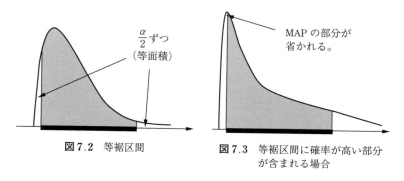

図7.2 等裾区間　　　図7.3 等裾区間に確率が高い部分が含まれる場合

一方，最高事後密度区間は，**図7.4**にあるように確信区間外の確率が一定の値（図7.4の点線）未満であり，確信区間外の事後分布から合わせて α%抜き取ったものである（図7.4の太線部分）。図（b）のように，最高事後密度区間は二つの区間に分かれることがある。

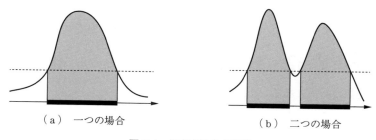

（a）　一つの場合　　　（b）　二つの場合

図7.4 最高事後密度区間

7.2.4 ベイズファクター

JASP によるベイズ的分析では，**ベイズファクター**（Bayes factor）と呼ばれる値を算出して，帰無仮説（H_0）と対立仮説（H_1）のどちらが正しいかを判断する。

帰無仮説に対する対立仮説のベイズファクターは BF_{10} と表され以下となる。

$$\frac{p(\mathrm{D}|H_1)}{p(\mathrm{D}|H_0)} = \frac{\text{対立仮説の尤度}}{\text{帰無仮説の尤度}} \tag{7.8}$$

式（7.8）から，ベイズファクター BF_{10} は「帰無仮説の尤度に対する対立仮説の尤度の比」を意味している。BF_{10} が比であるため，BF_{10} が 1 より大きいときは対立仮説が（相対的に）正しく，BF_{10} が 1 より小さいときは帰無仮説が（相対的に）正しいと判断する。ベイズファクター BF_{10} の基準は**表 7.3** の通りである。

表 7.3 ベイズファクター（BF_{10}）の基準[3]

目安（帰無仮説に対して対立仮説を）	大きさ
非常に強く（extreme）支持	100 以上
とても強く（very strong）支持	30 以上 100 未満
強く（strong）支持	10 以上 30 未満
中程度の（moderate）支持	3 以上 10 未満
乏しい（anecdotal）支持	1 より大きく 3 未満
証拠なし（no evidence）	1

表 7.3 に示した基準は，あくまで一つの解釈の目安や物差しであり，絶対的なものではないことに注意されたい。

JASP では，帰無仮説に対する対立仮説のベイズファクター（BF_{10}）と対立仮説に対する帰無仮説のベイズファクター（BF_{01}）が算出される。これらは

$$BF_{01} = \frac{p(\mathrm{D}|H_0)}{p(\mathrm{D}|H_1)} = 1 \div \frac{p(\mathrm{D}|H_1)}{p(\mathrm{D}|H_0)} = \frac{1}{BF_{10}} \tag{7.9}$$

という逆数の関係にある。

当然，ベイズファクターを用いるうえでは，その分析の帰無仮説と対立仮説がなんであるのかを把握している必要がある。

●●● 7.3　JASP におけるベイズ的分析の実際 ●●●

ベイズ的分析を行うと，どのような結果が得られるのかをつぎのデータを検討することで確認する。

> ある地域でペットを飼っている人に猫か犬のどちらを飼っているか調査を行った。無作為に聞き取り調査を行ったところ，猫を飼っている人が200名，犬を飼っている人が70名であった。

ある地域で猫を飼っている人と犬を飼っている人それぞれの比率を JASP で求める。比率の事前分布として JASP のデフォルトであるベータ分布 B (1, 1) を用いて，それぞれの比率を求めたところ**図7.5**，**図7.6**のようになった。

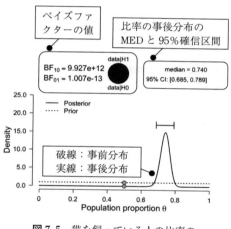

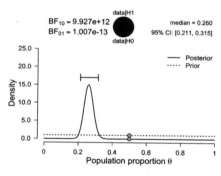

図7.5　猫を飼っている人の比率の
事前分布と事後分布

図7.6　犬を飼っている人の比率の
事前分布と事後分布

この分析での仮説は，「帰無仮説 (H_0)：二つの比率に差がない」と「対立仮説 (H_1)：二つの比率に差がある」である。ベイズファクターの値は $BF_{10} = 9.927e^{+12}$，すなわち $BF_{10} = 9.927 \times 10^{12}$ であり，表7.3から「帰無仮説に対して対立仮説を非常に強く支持」することを意味する。つまり，猫と犬を飼っている人の比率には差があると考えることができる。猫を飼っている人の比率の事後分布は MED = 0.740，95％確信区間 [0.685, 0.789] で，犬を飼っている

人の比率の事後分布は MED＝0.260，95％確信区間［0.211, 0.315］である。よって，ある地域では猫を飼っている人の比率の中央値は74.0％であり，犬を飼っている人（26.0％）よりも上回っていると判断する。

●●● 7.4　頻度論的分析とベイズ的分析 ●●●

頻度論的分析とベイズ的分析の差異をまとめると**表7.4**のようになる[1),4)]。

表7.4　頻度論的分析とベイズ的分析の差異

頻度論的分析		ベイズ的分析
頻度論的確率 （相対度数に基づく）	確　率	主観確率 （個人的信念）
「真の値」に近いはずの パラメータ	推定するもの	パラメータの 事後分布
頻度論的確率に基づく 最尤法など	推定方法	尤度×事前分布
p 値	仮説の評価	ベイズファクター
特定の値	パラメータ	確率分布
区間推定を繰り返すと， そのうち（100 − α）％は パラメータを含む	パラメータの 区間推定	パラメータが存在する確率が （100 − α）％である区間

　このように，頻度論的分析とベイズ的分析では，確率の解釈やパラメータ，その区間推定の解釈が異なる。また，ベイズ的分析では，ベイズファクターにより，帰無仮説の正しさを評価することができる。

　推定方法に着目すると，ベイズ的分析でも，頻度論的分析の主たる推定方法である最尤法に基づく尤度を用いている。また，事前分布に無情報事前分布（一様分布）を用いた場合，最尤推定値とMAP推定値は一致することが知られている[1)]。このように，最尤法を用いた頻度論的分析とベイズ的分析は，まったく異なるものではなく，共通する部分もある。

　重要なことは，頻度論的分析とベイズ的分析のどちらがよい方法であるのかということではなく，研究上の関心をどのように量的に表現し，評価するのかということである[4)]。研究上の関心の量的表現と評価に応じて，頻度論的分析とベイズ的分析を使うことが大切である。

8. 二つの平均値を比較する

「A組とB組ではどちらのほうがテストの平均点が高いか？」「ダイエット法Cの実施前後で体重は変化したか？」のように，二つ（群）の平均値を比較する方法として t 検定がある。本章では， t 検定の概念とJASPでの分析方法を説明する。

キーワード：二つの平均値， t 検定，効果量 d，対応あり・なし

●●● 8.1 t 検定の方法 ●●●

8.1.1 t 検定とは

テストでのA組とB組の点数の差や，あるダイエット法を行った前後での体重の差を明らかにする方法として，**t 検定**（t-test）がある。t 検定では，二つの標本の平均値を比較することによって，二つの母集団の平均の差を推測する（**図8.1**）。

〔1〕 **頻度論的分析** 2群の母平均をそれぞれ μ_1，μ_2 とし，帰無仮説と

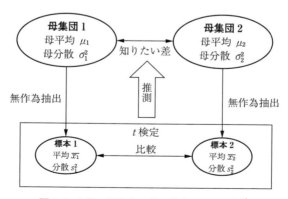

図8.1 2群の平均値の差の検定のモデル図[1]

して「$H_0：\mu_1=\mu_2$」，対立仮説として「$H_1：\mu_1 \neq \mu_2$」を設定する。そして，検定統計量（t検定量）を計算し，棄却域に入るか否か検討する。

統計的な有意差だけでは，どの程度の差があるかまでは定かではない。そこで，効果量を算出する。t検定の効果量は一般的にdと表され

$$d = \frac{\mu_1 - \mu_2}{(\mu_1 - \mu_2)の標準偏差} \tag{8.1}$$

により算出する。つまり，dは平均値の差を標準偏差で割ったもので，「平均値の差は標準偏差の何倍であるか」を意味する。$d=0$，つまり$\mu_1 - \mu_2 = 0$の場合は，$\mu_1 = \mu_2$であるので平均値に差がないと判断する。$d=1$の場合は，平均値の差が標準偏差の一つ分離れていると判断する。統計学における効果量dの基準[†]は，表8.1の通りである。

表8.1 効果量dの基準[2]

目　安	大きさ
わずかな（trivial）効果	.20 未満
小さい（small）効果	.20 以上 .50 未満
中程度の（medium）効果	.50 以上 .80 未満
大きい（Large）効果	.80 以上

〔2〕**ベイズ的分析**　　　母集団での効果量（母効果量）をδとし，帰無仮説として「$H_0：\delta=0$」，対立仮説として「$H_1：\delta \neq 0$」を設定する。そして，δについて事前分布を設定し，δの推定を行う。JASPでは，δの事前分布のデフォルトとして，「位置母数（location）が0，尺度母数（scale）が1のコーシー分布」が設定されている。事前分布の詳細は，コラムに記すので，興味がある人は参照されたい。

t検定は，2群の**対応関係**と分散の値によって用いる方法が異なる。以下では，データの対応関係とt検定の実施手順について説明する。

8.1.2　データの対応関係

例えば，ある英語の学習法の効果を検討する方法として，学習法を用いるグループと用いないグループに分けてテストの点数を比較する方法と，学習法を

[†]　効果量が「大きい効果」だからといって，実質科学や当事者において差が大きいとは限らない（p値が有意であることも同様）。

用いた前後での点数を比較する方法が考えられる。前者のように，比較するグループが異なる場合を**対応のない**（独立した：independent samples）2 群，後者のように，比較するグループが同じ場合を**対応のある**（関連した：dependent samples, paired samples）2 群という。

対応のない 2 群の比較だと，そもそも 2 群が等質ではないために，平均値の差を適切に推定できないことがある。先の例について，学習法を用いたグループには元々英語ができない人が多く，用いないグループには英語ができる人が多い可能性がある。たとえ学習法により英語ができるようになっても，2 群の平均値を比較すると差がない可能性がある。

2 群が等質ではない（と考えられる）場合には，二要因分散分析や共分散分析，マッチング分析を行うといい。これらの分析法は，本書の範囲を超えるため，興味がある人は，星野[3]や森田[4]を参照されたい。

8.1.3　*t* 検定の実施手順

データの対応関係と分散の値が等しいかにより，*t* 検定の方法を分類したものを示す（**図 8.2**）。

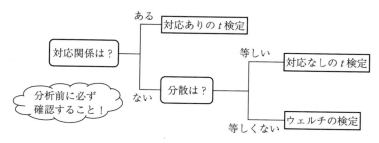

図 8.2　*t* 検定の分類

まず，対応関係の有無により異なる方法となる。対応がある場合は**対応ありの *t* 検定**（paired samples t-test）を行う。つぎに，対応がない場合，2 群の分散の値により異なる方法となる。分散が等しい場合は，**対応なしの *t* 検定**（independent samples t-test）を，分散が異なる（と想定される）場合は，

「ウェルチの検定（Welch's test）」を行う。

8.1.4　t 検定を実施するときの注意点

t 検定を実施する前に，つぎの三つの条件を確認しておく必要がある。

1)　間隔尺度以上の標本データであるか　　t 検定は，間隔尺度（4 章参照）以上の標本データでないといけない。賛成した人数と反対した人数を比較するような名義尺度の標本データは，比率の差の検定（13 章参照）を行う。

2)　2 群とも正規性を有するか　　データ数が少ない場合（30 以下）には，データが正規性を有さず，t 検定を行うのが不適切である場合がある。その場合には，ウィルコクスの順位和検定のようなノンパラメトリック検定を行う。

3)　2 群の分散は等しいか　　データ数が少ない場合（30 以下）には，2 群の分散が等しいかを確認してから，t 検定を行うとよい。2 群の分散が等しいか確認する方法として，F 検定とレーベン検定（Levene's test）がある。

●●● 8.2　対応ありの t 検定 ●●●

この節では，JASP で対応ありの t 検定を実施する方法を解説する。

使用するデータは，10 人の対象者（ID）があるダイエット法を行った前の体重（before：kg）と後の体重（after：kg）を示している（「体重データ.csv」）。

8.2.1　頻度論的分析

〔1〕　**分析**　　JASP において頻度論的分析による t 検定を行うには

[T-Tests]

→ [Paired Samples T-Test]

を選択する。すると，**図 8.3** のような出力ウィンドウが出力される。

平均値の差を検討したい before と after を選択し，右のボックスに移す。すると，Results に t 検定の結果が出力される。

ここでは，[Assumption Checks] と [Location parameters]，[Effect size]，

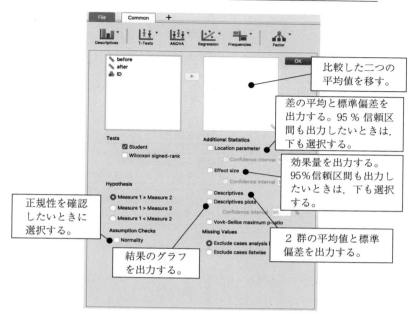

図 8.3 頻度論的分析による対応のある
t 検定の分析ウィンドウ

［Descriptives］も選択する。それぞれが出力するものは，つぎの通りである。

- Assumption Checks：シャピロ・ウィルク検定（Shapiro-Wilk test）により，正規性を検定する。「データが正規分布に従っている」が帰無仮説であるため，注意が必要である。*p* 値が設定した有意水準より大きければ，データが正規分布に従っていると判断する。

- Location parameters：2 群の差の平均と標準偏差を出力する。［Confidence interval］を選択すると，差の平均の 95％信頼区間が出力される。

- Effect size：効果量を出力する。［Confidence interval］を選択すると，効果量の 95％信頼区間が出力される。

- Descriptives：2 群の平均と標準偏差を出力する。

以上の手順で分析を行うと，**図 8.4** の結果が得られる。

〔2〕　**結果の読み方**　　*p* 値が 0.002 であることは，1 ％水準で統計的な有

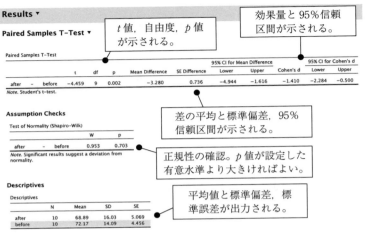

図8.4 頻度論的分析による対応のあるt検定の結果ウィンドウ

意差があったことを示している。よって，ダイエット法実施前後で体重の平均に差があると判断できる。さらに，ダイエット法実施前後での<u>体重の差の平均が-3.280 kg であり，その95％信頼区間が-4.944から-1.616</u>と0を含んでいないことは，体重の平均が減少したことを意味している。

また，効果量は，$d = -1.410$と表8.1から大きな値と判定できるので，ダイエット法実施前後での体重の差の平均は，統計学上大きいと判断する。

ちなみに，データの正規性を検定したところ，p値が0.703と大きい値であった。そのため，データは正規性を有すると判断できる。

〔3〕 **結果の書き方**　頻度論的分析でのt検定の結果で示すべきものは，

1) **2群の平均値と標準偏差，データ数**

2) **t値，df（自由度），p値**

3) **2群の平均値の差の95％信頼区間**

4) **効果量（d）**　効果量は絶対値（負のときは，−（マイナス）をとる）で報告する。

である。また，<u>報告する数値の小数点の桁数は揃える</u>ことが望ましい。

結果の報告例

10 人の対象者にあるダイエット法を実施した。ダイエット法実施前後の体重の平均と標準偏差を**表 8.2** に記す。対応のある *t* 検定の結果，あるダイエット法によって，体重の平均が有意に減少することが示された（*t*（9）= 4.46, *p* < .01, 95 % *CI* [-4.94, -1.62], *d* = 1.41）。

表 8.2 あるダイエット法前後での体重の平均と標準偏差（*N* = 10）

	体重〔**kg**〕	
	実施前	**実施後**
平　均	72.17	68.89
標準偏差	14.09	16.03

なお，結果を報告するうえで，書き方に注意点が三つある。

1）　統計の概念に関する記号はイタリック体か　　平均の *M* や標準偏差の *SD*，相関係数の *r* のような統計の概念に関する記号は，イタリック体にする。

2）　数値やかっこ，等号，不等号は立体か　　*1, 2, 0* などとしない。

3）　半角スペースを入れたか　　数式では半角スペースを入れないと見づらくなってしまう。そこで，つぎの●をつけたところのように半角スペースを入れる。

$$t ● （9） ● = ● 4.46, ● p ● < ● .01$$

8.2.2　ベイズ的分析

〔1〕　分　析　　JASP において，ベイズ的分析による *t* 検定を行うには

[T-Tests]
→ [Bayesian Paired Samples T-Test]

を選択する。すると，**図 8.5** のような出力ウィンドウが出力される。ここでは，[Descriptives] と [Prior and posterior] を選択する。[Descriptives] は，頻度論的分析の分析と同様に平均と標準偏差を出力する。また，[Prior and posterior] は，*δ* の中央値と 95 ％確信区間，事前分布のグラフ，ベイズファクターを出力する。

以上の手順で分析を行うと，**図 8.6** の結果が得られる。

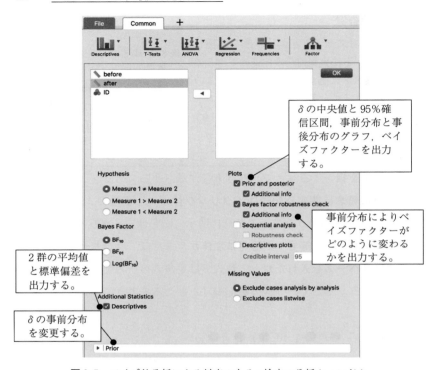

図8.5 ベイズ的分析による対応のある t 検定の分析ウィンドウ

〔2〕　**結果の読み方**　　ベイズファクターが，$BF_{10} = 27.948$ であることは，「帰無仮説に対して対立仮説は約 28 倍もっともらしい」ことを意味する。表7.2 を踏まえると，帰無仮説に対して対立仮説を「強く支持」するといえる。以上から，ダイエット法実施前後での体重の平均には差があると判断できる。

　ダイエット法実施前の平均体重が 72.17 kg（標準偏差 14.09 kg），実施後の平均体重が 68.89 kg（標準偏差 16.03 kg）であることから，体重が減少したと判断できる。このことは，δ の中央値と 95 ％確信区間が両方とも負の値であることからもわかる。

　また，効果量 δ の事後中央値が 1.168 と表 8.1 から大きな値と判定できるので，ダイエット法実施前後での体重の差の平均は，統計学上大きいと判断できそうである。

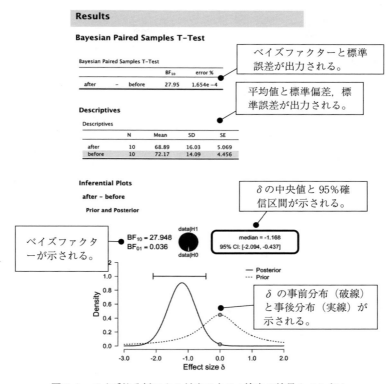

図 8.6 ベイズ的分析による対応のある t 検定の結果ウィンドウ

　しかし，δ の 95 ％確信区間が 0.437 から 2.094 と「小さい効果」から「大きい効果」にわたっている。そのため，のちに追試を行うなどして，その効果を吟味する必要があるだろう[†]。

〔3〕　**結果の書き方**　　ベイズ的分析での t 検定の結果で示すべきものは

1)　**2 群の平均値と標準偏差，データ数**

2)　**帰無仮説と対立仮説，δ の事前分布**

3)　**ベイズファクター**

4)　**δ の事後分布**

である。

---

† サンプルサイズが 10 と少ないことから，当然の結果といえる。

結果の報告例

10 人の対象者にあるダイエット法を実施した。ダイエット法実施前後の体重の平均と標準偏差を表 8.2 に記す。JASP により，ベイズ推定法による対応のある t 検定を行った。母効果量を δ として，帰無仮説を「$H_0 : \delta = 0$」，対立仮説を「$H_1 : \delta \neq 0$」とした。δ の事前分布として，JASP のデフォルトである尺度母数（r）を 0.707 のコーシー分布を用いた。ベイズファクターの値は $BF_{10} = 27.95$，δ の事後中央値は 1.17 [0.44, 2.09] であるため，あるダイエット法によって体重の平均が減少することが示された。　　　　　　　　　　　※表 8.2 は省略

　δ の事前分布

JASP では，δ の事前分布として，コーシー分布（cauchy distribution）と正規分布（normal distribution），t 分布（t distribution）を設定できる（**図 8.7**）。

図 8.7　JASP における δ の事前分布のオプション

JASP のデフォルトである，位置母数 0，尺度母数 0.707 のコーシー分布について，尺度母数を変化させるとつぎのように変化する（**図 8.8**）。

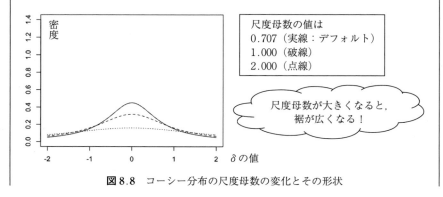

図 8.8　コーシー分布の尺度母数の変化とその形状

図 8.8 のように，コーシー分布では尺度母数の値を大きくすると裾野広い分布，すなわち無情報事前分布になる。逆に，尺度母数の値を小さくすると，$\delta = 0$ の密度が大きくなるのである。

平均値の非劣性と同等性，優越性

二つの平均値を比較するうえで，一方の平均値が他方の平均値に劣らないものであるのか（非劣性：non-inferiority），同じ程度であるのか（同等性：equivalence），大きなものであるのか（優越性：superiority）は知りたいことであるだろう。

非劣性や同等性，優越性を検討する方法として，「平均値の差がこの程度なら同等とする」というマージン（Δ）と平均値の差の信頼区間を用いる方法がある。Δ を用いると，非劣性や同等性，優越性は，つぎのように表すことができる。

1) 非劣性　信頼区間の下端が $-\Delta$ より大きい。
2) 同等性　Δ の中に信頼区間が含まれる。
3) 優越性　信頼区間が「平均値の差＝0」を含まない。

図 8.9 は非劣性と同等性，優越性と信頼区間の関係を示したものである。例えば，①は信頼区間が「平均値の差＝0」を含み，下端が $-\Delta$ より小さいため，「非劣性と同等性，優越性ともになし」である。

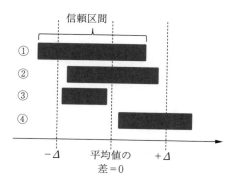

	非劣性	同等性	優越性
①	なし	なし	なし
②	あり	あり	なし
③	あり	あり	あり
④	あり	なし	あり

図 8.9　非劣性と同等性，優越性と信頼区間

非劣性と同等性，優越性を検討するうえで，マージンをどのような値に設定するのかが重要である。結果を見て，恣意的にマージンを決めるのではなく，ガイドラインや先行研究の知見にそって，データ収集前にマージンを設定する必要があることを忘れてはいけない。詳しくは，新谷[5]を参照されたい。

─── 章 末 問 題 ───

表8.3に示すデータは，A組とB組の生徒10人ずつ計20人の数学の試験における点数である（「8章演習データ.csv」）。

表8.3

A	71	70	63	74	83	76	65	82	76	48
B	48	93	72	56	72	47	51	53	38	40

（1） 平均点について，頻度論的分析によるt検定を行い，結果を記せ。

（2） 平均点について，ベイズ的分析によるt検定を行い，結果を記せ。

（3） 1と2の結果について，その共通点と差異を説明せよ。

9. 三つ以上の平均値を 比較する

「3 クラスのテストの平均点は異なるのか？」というように，三つ以上の平均値を比較する方法として**分散分析**（ANOVA：analysis of variance）がある。t 検定を複数回繰り返せばいいと考える人もいるだろう。しかし，t 検定は二つの平均値について検討するもので，三つ以上の比較だとどの平均値が異なるのかがわからない。

本章では，分散分析の概念と JASP での分析方法を説明する。

キーワード：分散分析，要因，水準，被験者間・内要因，多重比較

●●● 9.1 分散分析の方法 ●●●

9.1.1 分散分析とは

分散分析とは，データの散らばり（分散）を比較することで，三つ以上の平均値が異なるかを検討する手法である。**図 9.1** のように複数の平均値を比較するので，データの散らばりが大きいということは，平均値に差があると考える。

分散分析におけるデータの散らばり（**総変動**，**全体平方和**）は，群の違いによる散らばりである**群間変動**（**群間平方和**）と，誤差による散らばりである**誤差変動**（**群内平方和**）からなる（**図 9.2**）。分散分析では，群間変動と誤差変動との間に差があるのかを検討する。そして，群間変動のほうが大きいと推定された場合に，平均値に差があると考える。

分散分析において，群の違いが平均値の差をつくる原因であると考えることもできる。この原因のことを**要因**（factor）といい，要因の取りうる値（A 組，B 組など）を**水準**（class）という。とくに，要因が一つの分散分析を**一元配置分散分析**（one-way analysis of variance），要因が二つの分散分析を**二元配置分散分析**（two-way analysis of variance）という。

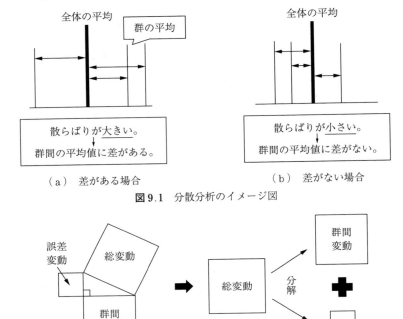

図9.1　分散分析のイメージ図

図9.2　分散分析における散らばりの分解

　また，分散分析では，対応のない要因を**被験者間要因**（between subject factor），対応のある要因を**被験者内要因**（within subject factor）という。対応の有無により t 検定の方法が異なるのと同様に，被験者間要因と被験者内要因でも分散分析の方法が異なる。

〔1〕　**頻度論的分析**　　m 群の母平均をそれぞれ μ_1，μ_2，…，μ_m が異なるか否かを検討するために，帰無仮説として「H_0：m 群の平均値は等しい」，対立仮説として「H_1：m 群の平均値は等しくない」を設定する。そして，検定統計量（F 統計量）を計算し，棄却域に入るか否かを検討する。

　分散分析における効果量としてイータ2乗 η^2 がある。η^2 は，群の違い（ある要因の効果）により平均値の差をどの程度の割合で説明できるかを示す。つまり，$\eta^2 = .14$ の場合は，「群の違いにより，平均値の差の14%を説明できる」

と解釈できる。統計学における効果量 η^2 の基準は**表 9.1** の通りである。

表 9.1　効果量 η^2 の基準[1]

目　安	大きさ
わずかな（trivial）効果	.10 未満
小さい（small）効果	.10 以上 .25 未満
中程度の（medium）効果	.25 以上 .37 未満
大きい（large）効果	.37 以上

　頻度論的分析とベイズ的分析を問わず，分散分析では平均値に差があるか否かしか判断できない。そこで，差があると判断できる場合は**事後分析**（post hoc analysis）として，**多重比較**（multiple comparison）を行う。多重比較により，群間での平均値の差を明らかにすることができる。JASP で用いることができる多重比較法とそれぞれの特徴は**表 9.2** の通りである。

表 9.2　JASP で使用できる多重比較法[2],[3]

多重比較法	正規性を有する	等分散性を有する	その他の特徴
Tukey	Yes	Yes	各群のサンプルサイズが異なる場合，Tukey-Kramer 法という。
Scheffe	Yes	Yes	分散分析が有意な場合のみ用いる。
Bonferroni	Any	Yes	5 群以上になると，検出力が低くなる。
Holm	Any	Yes	Bonferroni 法の問題点を改良したもの。
Sidak	Yes	Yes	Bonferroni 法の問題点を改良したもの。
Games-Howell	Yes	No	Welch 検定のロジックを用いた方法。各群のサンプルサイズが等しい場合に用いる。
Dunnett	Yes	No	関心のある特定の群とほかの群を比較するときに用いる。
Dunn	No	No	ノンパラメトリックな方法。

〔2〕　ベイズ的分析　　頻度論的分析と同じ帰無仮説と対立仮説を設定する。そして，群ごとの平均値について事前分布を設定し，推定を行う。JASP では，事前分布のデフォルトとして，「固定効果（fixed effects）が 0.5，ランダム効果（random effects）が 1 の多変量コーシー分布」[†] が設定されている。

　ベイズ的分析での分散分析は，t 検定の場合と同様にベイズファクターによ

---

†　固定効果とは，群の違い（要因）により平均が異なることを示している。一方，ランダム効果とは，誤差により平均が異なることを示している。

り帰無仮説と対立仮説のどちらが正しいかを判断する。そして，効果量の大き
さも踏まえ，平均値が異なるのか否かを判断する。多重比較では，「2群間で
平均に差がない」仮説に対する「2群間で平均に差がある」仮説のベイズファ
クター $BF_{10,U}$ が示される。$BF_{10,U}$ の値より，群間での平均値の大小を比較する。

9.1.2 分散分析を実施するときの注意点

分散分析を実施する前に，つぎの三つの条件を確認しておく必要がある。

1) **間隔尺度以上の標本データであるか**

2) **すべての群が正規性を有するか**　　正規性を有するか検討する方法とし
   て，Q–Q プロットがある。直線上に点がある場合は，正規性を有する
   と判断する。

3) **すべての群の分散は等しいか**　　データが被験者間要因であるか，被験
   者内要因であるかにより，分散が等しいかを検討する方法が異なる。

● データが被験者間要因である場合：レーベン検定を行う。レーベン検定の
　帰無仮説は「すべての水準の分散が等しい」である。棄却された場合は，
　ノンパラメトリックな方法であるクラスカル・ウォリス法を用いるとよ
　い。JASP では，[Nonparametrics] を選択するとできる。

● データが3水準以上の被験者内要因である場合：**球面性**（sphericity）検
　定を行う。球面性の検定の帰無仮説は「すべての水準の分散が等しい」で
　ある。帰無仮説が棄却された場合，Greenhouse-Geisser または Huynh-
　Feldt の結果を報告する。なお，JASP では球面性検定を選択すると，自
　動的にこれらの結果が報告される。

●●● 9.2　分散分析の実行 ●●●

この節では，JASP で分散分析を実施する方法を解説する。使用するデータ
は，30人の対象者を無作為に3群に分け，異なる三つの学習方法（class：A，
B，C）で英語を学習させた後の，事後テストの点数（test）を示している（「テ
ストデータ .csv」）。

9.2.1 頻度論的分析

〔1〕 **分析**　　JASP において，頻度論的分析による分散分析を行うには

> ［ANOVA］
>
> → ［ANOVA］

を選択する。すると，**図 9.3** のような出力ウィンドウが出力される。

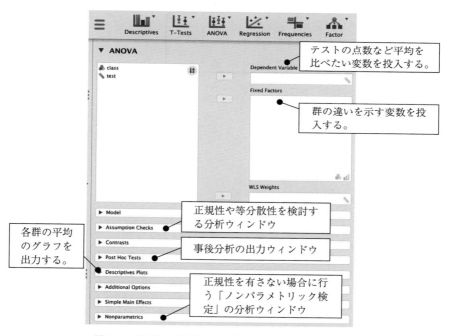

図 9.3　頻度論的分析による分散分析の分析ウィンドウ

　グループを示す class を ［Fixed Factors］，テストの結果である test を ［Dependent Variables］に移す。すると，Results に分散分析の結果が出力される。

　また，多重比較を行うには

> ［Post Hoc Tests］

を選択し，class を右のボックスに移す（**図 9.4**）。群間差の効果量を示す ［Effect size］，および多重比較法として ［Tukey］をチェックする。

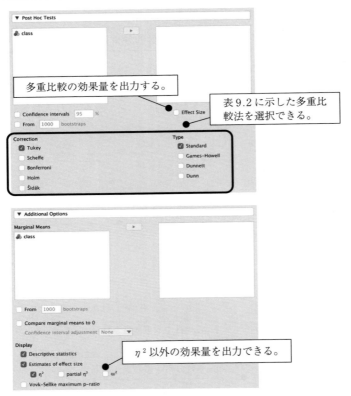

図 9.4　頻度論的分析による分散分析の事後分析と
追加分析の出力ウィンドウ

　ここでは，群ごとの平均値と標準偏差，効果量を出力するために

［Additional Options］

　→　［Descriptive Statistics］と［Estimates of effect size］

を選択する。また，正規性と等分散性を確認する場合には

［Assumption Checks］

　→　［Homogeneity tests］と［Q-Q plot of residuals］

を選択する。［Homogeneity tests］を選択するとレーベン検定を実施し，［Q-Q plot of residuals］を選択すると Q-Q プロットを出力する。

　以上の手順で分析を行うと，**図 9.5** のような結果が得られる。

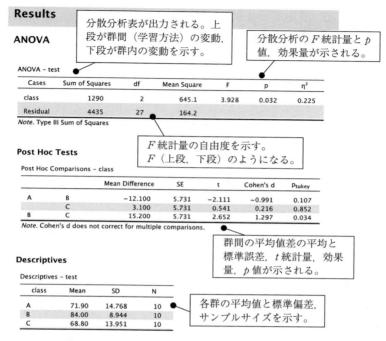

図9.5 頻度論的統計による分散分析の結果ウィンドウ

〔2〕　**結果の読み方**　　p 値が 0.032 であることは，5％水準で統計的な有
意差があったことを示している。よって，三つの学習方法間で事後テストの平
均点に差があると判断できる。効果量は $\eta^2 = 0.225$ であり，表 9.1 から中程度
の値である。つまり，三つの学習方法が事後テストの平均点に及ぼす影響は，
統計学上中程度であると判断できる。

　Tukey 法による多重比較の結果から，A-B 間および A-C 間の p 値がそれぞ
れ 0.107，0.852 であるため，A および B，C の間には，統計的な有意差がな
いと判断できる。一方，B-C 間の p 値は 0.034 であるため，B-C の間に5％水
準で統計的な有意差がある。その効果量の値が $d = 1.297$ であることから，B
は C よりも事後テストの平均点が，統計学上高いと判断できる。

〔3〕　**結果の書き方**　　頻度論的分析での分散分析の結果で示すべきものは

1)　**各群の平均値と標準偏差，データ数**

2) *F*値, *df*（自由度）, *p*値, 効果量

3) 多重比較の方法と結果

である。

結果の報告例

　異なる三つの英語学習方法（A, B, C）をそれぞれ 10 人の学生に行い，事後テストを行った。学習方法の効果を検討するために，一元配置分散分析を行った。各群の平均値と標準偏差を**表 9.3** に記す。分散

表 9.3　事後テストの平均と標準偏差

	M	*SD*
A (*N* = 10)	71.90	14.77
B (*N* = 10)	84.00	8.94
C (*N* = 10)	68.80	13.95

分析の結果，学習方法の間の平均値差は 5 ％水準で有意であった（$F_{(2, 27)}$ = 3.93, $p < .05$, $\eta^2 = .23$）。Tukey 法に多重比較を行ったところ，B は C よりも有意に平均得点が高いことが示された（$p < .05$, $d = 1.30$）。

9.2.2　ベイズ的分析

〔1〕　**分　析**　　　JASP において，ベイズ的分析により分散分析を行うには

［ANOVA］

→［Bayesian ANOVA］

を選択する。すると，**図 9.6** のような出力ウィンドウが出力される。

　グループを示す class を［Fixed Factors］，テストの結果である test を［Dependent Variables］に移す。また，［Descriptives］も選択し，各群の平均と標準偏差，データ数を出力させる。

　また，多重比較を行うには

［Post Hoc Tests］

を選択し，class を右のボックスに移す（図 9.6）。

　以上の手順で分析を行うと，**図 9.7** のような結果が得られる。

〔2〕　**結果の読み方**　　　まず，Model Comparison-test のベイズファクター BF_{10} をみる。このベイズファクターは，「群間で平均値に差がない」仮説に対する「群間で平均値に差がある」仮説モデルのベイズファクターである。

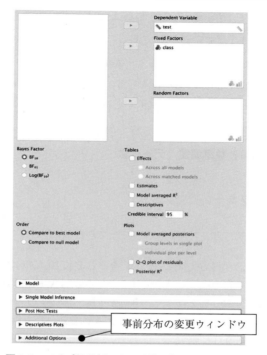

図 9.6 ベイズ的分析による分散分析の分析ウィンドウ

Model Comparison

「平均に差がない」モデル（Null model）に対する「平均に差がある」モデルのベイズファクター が示される。

Models	P(M)	P(M|data)	BF$_M$	BF$_{10}$	error %
class	0.500	0.699	2.319	1.000	
Null model	0.500	0.301	0.431	0.431	0.011

Analysis of Effects - test

「2 群間で平均に差がない」仮説に対する「2 群間で平均に差がある」仮説のベイズファクター が示される。

Effects	P(incl)	P(incl|data)	BF$_{incl}$
class	0.500	0.699	2.319

Post Hoc Tests ▼

Post Hoc Comparisons - class

		Prior Odds	Posterior Odds	BF$_{10, U}$	error %
A	B	0.587	1.161	1.977	1.830e−4
	C	0.587	0.254	0.432	7.329e−5
B	C	0.587	3.155	5.370	7.498e−4

Note. The posterior odds have been corrected for multiple testing by fixing to 0.5 the prior probability that the null hypothesis holds across all comparisons (Westfall, Johnson, & Utts, 1997). Individual comparisons are based on the default t-test with a Cauchy (0, r = 1/sqrt(2)) prior. The "U" in the Bayes factor denotes that it is uncorrected.

図 9.7 ベイズ的分析による分散分析の結果ウィンドウ（抜粋）

class model において $BF_{10}=1.000$ であることは，事後テストの平均点に差があると判断するには「乏しい証拠」であることを意味する。

Post Hoc Comparisons-class を見ると，A–B 間では $BF_{10,U}=1.977$，A–C 間では $BF_{10,U}=0.432$，B–C 間では $BF_{10,U}=5.370$ である。そのため，B–C 間では事後テストの平均に差があるが，A–B 間と A–C 間には差がないと判断する。

〔3〕 **結果の書き方**　ベイズ的分析での分散分析の結果で示すべきものは

1）　各群の平均値と標準偏差，データ数

2）　事前分布

3）　ベイズファクター

である。

結果の報告例

異なる三つの英語学習方法（A，B，C）をそれぞれ 10 人の学生に行い，事後テストを行った。学習方法の効果を検討するために，JASP によりベイズ推定法に基づく一元配置分散分析を行った。事前分布は，JASP のデフォルトである多変量コーシー分布（固定効果 $r=0.5$，ランダム効果 $r=1$）を用いた。各群の平均値と標準偏差を表 9.3 に記す。

その結果，三つの学習方法間で事後テストの平均点に差があることは，証拠として乏しいことが明らかとなった（$BF=2.32$）。さらに，多重比較を行ったところ，B は C よりも高い得点であることが明らかとなった（$BF=5.37$）。

※表 9.3 は省略

─── **章 末 問 題** ───

表 9.4 のデータは，4 店舗 A～D における 1 日のあんぱん売上個数である（「9 章演習データ.csv」）。

（1）　1 日のあんぱん売上平均個数について，頻度論的分析による分散分析を行い，結果を記せ。

（2）　1 日のあんぱん売上平均個数について，ベイズ的分析による t 検定を行い，結果を記せ。

（3）　1 と 2 の結果について，その共通点と差異を説明せよ。

表 9.4

店　舗	A	B	C	D
売上個数	38	33	43	32
	39	31	46	21
	32	30	42	47
	31	28	38	51
	39	36	49	38
	41	32	42	35
	35	34	49	40

10. 二つの要因に関する平均値を比較する

「ある野菜の生産量は土の種類と肥料の種類によって変わるのか？」のように，二つの要因によって平均値に差が生じるかを検討する方法として，**二元配置分散分析**がある。二元配置分析の考え方は，一元配置分散分析と基本的に同じであるが，扱う要因が二つであるためその相互作用を考える必要がある。本章では，二元配置分散分析に関する概念と JASP による分析方法を説明する。

キーワード：二元配置分散分析，交互作用，単純主効果，混合要因

●●● 10.1 二元配置分散分析の方法 ●●●

10.1.1 二元配置分散分析とは

二元配置分散分析では，つぎの二つの帰無仮説を設定する。

1) 要因によって平均値の差が生じない（主効果がない）

2) 交互作用がない

交互作用（interaction）とは，一つの要因の群（水準）ごとにほかの要因の効果が異なることである。例えば，ケーキの好みについて**図 10.1** の結果が得られたとする。この場合，ケーキ A は男性に好まれるが，ケーキ B は女性に好まれると読み取れる。このように，性別によってケーキの好みが異なることを交互作用という。

交互作用が認められる場合，ほかの要因における水準別の主効果である**単純主効果**（simple main effect）を検討する。図 10.1 の例だと，男女別にケーキの好み（主効

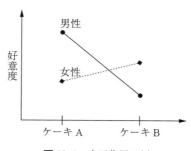

図 10.1 交互作用の例

果）を検討することが，単純主効果を検討することである。

10.1.2　二元配置分散分析を実施するときの注意点

　二元配置分散分析を実施する前に，一元配置分散分析と同様の前提条件を確認する必要がある（9 章参照）。

●●● 10.2　二元配置分散分析の実行 ●●●

　この節では，JASP で二元配置分散分析を実施する方法を解説する。

　使用するデータは，60 人の対象者を無作為に 3 群に分け，それぞれの群に異なるストレス対処法の訓練（A，B，C）を行ったものである。対象者は事前（pre）と事後（post）に，ストレス得点を測定している（「ストレスデータ.csv」）。

　このデータについて，ストレス対処法の訓練は被験者間要因で，事前・事後のストレス得点は被験者内要因である。このように，被験者間要因と被験者内要因が混じっている場合を**混合要因**（mixed factor）という。

10.2.1　頻度論的分析

〔1〕**分　析**　　JASP において，頻度論的分析により二元配置分散分析を行うには

> ［ANOVA］
> → ［Repeated Measures ANOVA］

を選択する。すると，**図 10.2** のような出力ウィンドウが出力される。つぎに，［Repeated Measures Cells］の Level1，2 に pre と post をそれぞれ移す。さらに，［Between Subject Factors］に training を移す。すると，Results に二元配置分散分析の結果が出力される。

　ここでは，要因ごとの平均値と標準偏差，効果量を出力するために

> ［Additional Options］
> → ［Descriptive statistics］と ［Estimates of effect size］

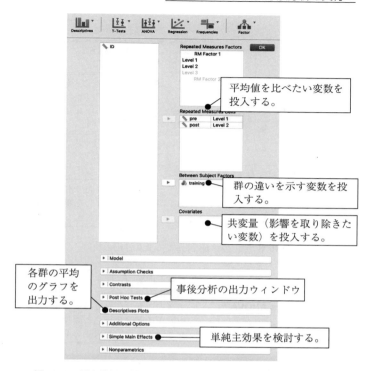

図 10.2 頻度論的分析による二元配置分散分析の分析ウィンドウ

を選択する。また，等分散性を確認する場合には

［Assumption Checks］

→［Homogeneity tests］

を選択する。

　今回のように交互作用が有意である場合は

［Descriptives Plots］

を選択する。そして，［Horizontal axis］（横軸）に training，［Separate lines］
に RM Factors1 を移す。また

［Display error bars］→［Confidence interval］

を選択することで，平均値の 95％信頼区間を図示できる（**図 10.3**）。

　以上の手順で分析を行うと，**図 10.4** のような結果が得られる。

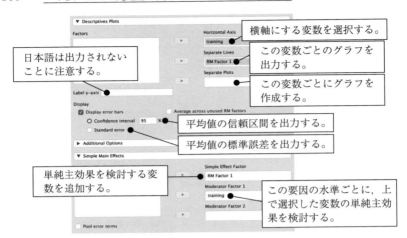

図 10.3 頻度論的統計による交互作用の検討

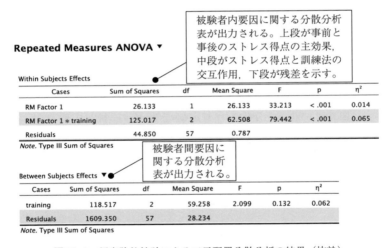

図 10.4 頻度論的統計による二元配置分散分析の結果（抜粋）

〔2〕 **結果の読み方**　　まず，主効果について検討する。［Within Subjects Effects］にある RM Factor1 の p 値が $p < .001$ であることは，事前と事後でストレス得点の平均に 0.1％水準で有意差があったことを示している。よって，事前と事後でストレス得点の平均に差があると判断できる。効果量は $\eta^2 =$ 0.133 と表 9.1 から小さい値である。

　また，［Between Subjects Effects］にある training の p 値が 0.132 であることは，訓練法によりストレス得点に有意差がないことを意味している。

　つぎに，交互作用について検討する。［Within Subjects Effects］にある RM Factor1*training の p 値が $p < .001$ であることは，ストレス得点とストレス対処法の訓練の交互作用が 0.1％水準で有意であることを意味する。交互作用の効果量は $\eta^2 = 0.638$ と大きい値であることがわかる。

　交互作用の詳細は，単純主効果の検定とグラフにより検討する（**図 10.5**）。ストレス得点に関する単純主効果の p 値がすべて $p < .001$ であることは，ストレス対処法 A 〜 C のすべてで事前と事後のストレス得点の平均が異なることを意味する。図 10.5 の中段の表，下段の図から，A と C では事後にストレス得点が減少しているが，B では事後にストレス得点が増加していると判断できる。

Simple Main Effects – RM Factor 1

Level of training	Sum of Squares	df	Mean Square	F	p
A	50.63	1	50.63	88.45	< .001
B	38.02	1	38.02	26.30	< .001
C	62.50	1	62.50	182.69	< .001

Note. Type III Sum of Squares

対処法ごとの事前と事後のストレス得点
に関する主効果の分散分析の結果

Descriptives ▼

Descriptives

RM Factor 1	training	Mean	SD	N
pre	A	15.50	3.426	20
	B	15.75	4.038	20
	C	16.25	3.740	20
post	A	13.25	3.242	20
	B	17.70	4.426	20
	C	13.75	3.864	20

Descriptives Plot

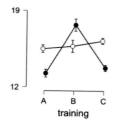

図 10.5　頻度論的統計による交互作用

〔**3**〕　**結果の書き方**　頻度論的分析での二元配置分散分析では，結果とし
て一元配置分散分析（9章参照）と同様のものを報告する。さらに，交互作用
の結果も報告すればよい。なお，交互作用が有意である場合は，単純主効果検
定の結果と，必要に応じてそのグラフを示すとよい。

結果の報告例

　異なる三つのストレス対処法の訓練（A，B，C）の効果を検討するために，
60人の対象者を無作為に3群に分け，訓練前後でストレス得点を測定した。ス
トレス得点の平均値と標準偏差を**表10.1**に記す。二元配置分散分析の結果，事
前・事後の主効果は0.1%水準で有意であり（$F(1, 57) = 33.21$，$p < .001$，$\eta^2 =$
.13），ストレス対処法の訓練の主効果は有意ではなかった（$F(2, 57) = 2.10$，p
= .13，$\eta^2 = .07$）。事前・事後とストレス対処法の訓練の交互作用は0.1%水準で
有意であった（$F(2, 57) = 79.44$，$p < .001$，$\eta^2 = .64$）。

表10.1　ストレス得点に関する平均値と標準偏差

ストレス対処法	**A** ($N=20$)		**B** ($N=20$)		**C** ($N=20$)	
	事前	事後	事前	事後	事前	事後
M	15.50	13.25	15.75	17.70	16.25	13.75
SD	3.43	3.24	4.04	4.43	3.74	3.86

　交互作用が有意であったため，単純主効果検定を行った。その結果，AとC
では事後にストレス得点の平均が減少しているが（$F(1) = 88.45$，$p < .001$；F
$(1) = 182.69$，$p < .001$），Bでは事後にストレス得点の平均が増加していること
が明らかとなった（$F(1) = 26.30$，$p < .001$）。

10.2.2　ベイズ的分析

〔**1**〕　**分　析**　JASPにおいて，ベイズ的分析により二元配置分散分析を
行うには

［ANOVA］
→［Bayesian Repeated Measures ANOVA］

を選択する。すると，**図10.6**のような出力ウィンドウが出力される。つぎに，
［Repeated Measures Cells］のLevel 1, 2にpreとpostをそれぞれ移す。さら

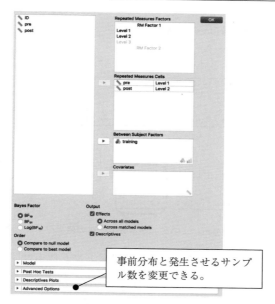

図 10.6　ベイズ的分析による二元配置分散分析の分析ウィンドウ

に，[Between Subject Factors] に training を移す。すると，Results に二元配
置分散分析の結果が出力される。

　ここでは，主効果と交互作用を確認するために [Effects] を，要因ごとの平
均値と標準偏差を出力するために [Descriptives] を選択する。

　また，今回のように交互作用が認められる場合は

[Descriptives Plots]

を選択する。そして，[Horizontal axis]（横軸）に training，[Separate lines]
に RM Factors1 を移す。[Credible interval] を選択することで，平均値の 95%
確信区間を図示できる。なお，事前分布は [Advanced Options] で変更できる。

　以上の手順で分析を行うと，**図 10.7** のような結果が得られる。

〔**2**〕　**結果の読み方**　　[Analysis of Effects] では，それぞれの要因の単純
主効果と交互作用を検討した結果が示される。ベイズファクターは，RM
Factor1 が 9.844×10^{13}，training が 2.015×10^{13}，RM Factor1*training が 6.212

Bayesian Repeated Measures ANOVA ▾

ほかのすべてのモデルに対するベイズファクターを示す。

Model Comparison

Models	P(M)	P(M|data)	BF$_M$	BF$_{10}$	error %
Null model (incl. subject)	0.200	3.381e−15	1.352e−14	1.000	
RM Factor 1	0.200	2.965e−14	1.186e−13	8.770	1.539
training	0.200	3.301e−15	1.321e−14	0.976	2.371
RM Factor 1 + training	0.200	2.797e−14	1.119e−13	8.273	4.946
RM Factor 1 + training + RM Factor 1∗training	0.200	1.000	6.220e+13	2.958e+14	9.119

Note. All models include subject.

Analysis of Effects

帰無仮説に対する対立仮説のベイズファクターを示す。

Effects	P(incl)	P(incl|data)	BF$_{Inclusion}$
RM Factor 1	0.600	1.000	9.844e +13
training	0.600	1.000	2.015e +13
RM Factor 1∗training	0.200	1.000	6.212e +13

図 10.7　ベイズ的分析による二元配置分散分析の結果ウィンドウ（抜粋）

$\times 10^{13}$ であり[†]，それぞれの要因の単純主効果と交互作用は「非常に強く」支持される。よって，単純主効果と交互作用があると解釈する。

　交互作用の詳細は，グラフにより検討する。**図 10.8** から，A と C では事後にストレス得点が減少しているが，B では事後にストレス得点が増加していると判断できる。

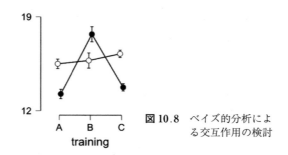

Descriptives Plot ▾

図 10.8　ベイズ的分析による交互作用の検討

〔3〕　**結果の書き方**　　ベイズ的分析での二元配置分散分析では，結果として一元配置分散分析（9章参照）と同様のものを報告する。

---

†　9.844e + 13 とは，9.844×10^{13} のことである。

　さらに，交互作用が認められる場合は，必要に応じてその表やグラフを示すとよい。

> **結果の報告例**
>
> 　異なる三つのストレス対処法の訓練（A，B，C）の効果を検討するために，60 人の対象者を無作為に 3 群に分け，訓練前後でストレス得点を測定した。ストレス得点の平均値と標準偏差を表 10.1 に記す。JASP のデフォルトである多変量コーシー分布[†]（固定効果 $r=0.50$，ランダム効果 $r=1.00$，共変量 $r=0.35$）を用いて，二元配置分散分析を行った。
>
> 　その結果，ストレス得点について，事前・事後とストレス対処法それぞれの主効果（$BF=9.84\times10^{13}$; $BF=2.02\times10^{13}$）と交互作用が認められた（$BF=6.21\times10^{13}$）。
>
> 　さらに，交互作用の詳細を図 10.8 に記す。図 10.8 より，A と C では事後にストレス得点が減少しているが，B では事後にストレス得点が増加していることが示唆される。　　　　　　　　　　　　　　　※表 10.1 と図 10.8 は省略

──── 章　末　問　題 ────

　表 10.2 のデータは，二つの土地（A と B）に，異なる 3 種類の肥料（a ～ c）を用いたときの，ある作物の収穫量〔kg〕を示している（「10 章演習データ .csv」）。

（1）　土地と肥料の主効果と交互作用について，頻度論的分析による分散分析を行い，結果を記せ。

（2）　土地と肥料の主効果と交互作用について，ベイズ的分析による分散分析を行い，結果を記せ。

（3）　1 と 2 の結果について，その共通点と差異を説明せよ。

表 10.2

	a	b	c
A	13.2	16.3	17.9
	14.1	17.2	16.0
	15.0	16.2	19.0
	14.2	16.4	15.1
B	14.0	20.4	12.5
	15.2	19.8	16.3
	14.1	21.6	15.3
	12.3	22.3	17.2

[†]　[Advanced Options] では，固定効果は fixed effects，ランダム効果は random effects，共分散は covariates と示されている。

11. 二つの変数の関係を検討する

「気温とアイスクリームの売り上げの関係は？」「勉強時間とテストの点数の関係は？」のような，二つの変数の関係を検討する方法として，**相関分析**（correlation analysis）がある。二つの量的な変数の関係のことを**相関関係**といい，相関関係を数値化したものを**相関係数**（correlation coefficient）という。本章では，相関関係に関する概念と JASP による相関分析の方法を説明する。

　キーワード：相関関係，因果関係，相関係数，疑似相関

●●● 11.1　相関分析の方法 ●●●

11.1.1　相関分析とは

相関分析とは，母集団における相関係数（母相関係数）に関する分析である。

〔1〕　**頻度論的分析**　　母相関係数 ρ が 0 であるか否かを検討するために，帰無仮説として「$H_0: \rho = 0$」（母相関係数は 0 である），対立仮説として「$H_1: \rho \neq 0$」（母相関係数は 0 ではない）を設定する[†1]。そして，検定統計量（t 統計量）を計算し，棄却域に入るか否かを検討する。

〔2〕　**ベイズ的分析**　　頻度論的分析と同じ帰無仮説と対立仮説を設定する。そして，母相関係数 ρ について事前分布を設定し，推定を行う。JASP では，事前分布のデフォルトとして，「ベータ分布 B (1, 1)」[†2] が設定されている。

　ベイズ的分析の相関分析は，ベイズファクターにより帰無仮説と対立仮説のどちらが正しいかを判断する。

---

†1　母相関係数 ρ が 0 か否かについて検定するため，「無相関検定」と呼ばれる。
†2　形状母数 a=1，b=1 のベータ分布のことである。

11.1.2 相関分析を実施するときの注意点：相関関係と因果関係

相関関係と似ているようで，異なる概念として**因果関係**（causal relation）がある。因果関係とは，「一方が大きいため，他方が大きくなる」のように一方の量が他方の量の関数となる関係のことである。つまり，一方の変数が原因，もう一方の変数が結果となる。

注意すべきは，相関係数により二つの相関関係を特定することはできるが，因果関係を特定することはできないことである。正や負の相関があるからといって，どちらの変数が原因であるか，結果であるかということは定かではない。因果関係を特定するには，その分野の先行研究や一般常識，ランダム化比較実験といった実験法による検討が必要である。

また，相関関係があるといっても，第3の変数によって生じる見せかけの相関（**疑似相関**）の可能性もある。例えば，年収が高くなると健康度が低くなるというように，年収と健康度には負の相関が認められる。しかし，年収と健康度にはそもそも関係がなく，「年齢」という第3の変数が関係しているのである（**図11.1**）。

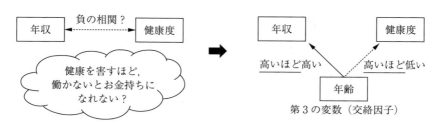

図11.1 疑似相関のイメージ

●●● 11.2 相関分析の実行 ●●●

この節では，JASP で相関分析を実施する方法を解説する。使用するデータは，20人の対象者が課題 A，B，C を終了するまでに掛かった時間〔秒〕を表している（「課題データ.csv」）。

11.2.1　頻度論的分析

〔1〕　**分　析**　　JASP において，頻度論的分析による相関分析を行うには

[Regression]

→[Correlation Matrix]

を選択する。すると，**図 11.2** のような出力ウィンドウが出力される。つぎに，相関係数を求めたい項目である A から C を右のボックスに移す。すると，Results に相関分析の結果が出力される。

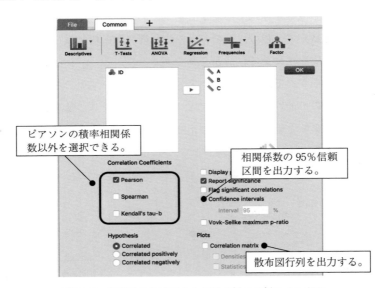

図 11.2　頻度論的分析による相関分析の分析ウィンドウ

　ここで，相関係数の 95 % 信頼区間と散布図を出力するために

[Confidence interval]　と　[Correlation Matrix]

を選択する。

　以上の手順で分析を行うと，**図 11.3** のような結果が得られる。

〔2〕　**結果の読み方**　　A と B が交わるセルには，A と B の相関係数と無相関検定の結果と 95 % 信頼区間が出力される。A と B の相関係数は $r = .550$ であり，「中程度の相関」がある。また，$p = 0.012$ は，5 % 水準で相関係数が 0

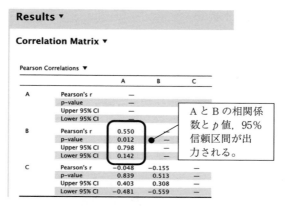

図 11.3 頻度論的分析による相関分析の結果ウィンドウ（抜粋）

ではない，つまり A と B は無相関ではないことを示している。

対して，C と A の相関係数は $r = -0.048$ であり，「相関なし」と判断できる。さらに，$p = 0.839$ であるため，相関係数が 0 ではないことは棄却できない。

〔3〕 **結果の書き方**　頻度論的分析での相関分析の結果で示すものは

1) **データの平均値と標準偏差，相関係数をまとめた相関行列表，データ数**

2) **相関分析の結果（相関係数と p 値）**

である。

結果の報告例

　20 名を対象に，課題 A，B，C の終了までに掛かった時間の関係を検討した。平均値と標準偏差，相関係数を**表11.1** に記す。その結果，A の終了までに時間が掛かると，B も時間が掛かることが明らかとなった（$r = .55$, $p < .05$）。また，A と C，B と C には有意な相関関係が認められなかった（$r = -.16, p = .51$; $r = -.05, p = .84$）。」

表 11.1　課題の終了までの時間の平均値と標準偏差，相関係数（$N = 20$）

		M	SD	(2)	(3)
(1)	A	50.77	6.04	.55	−.05
(2)	B	76.96	7.98	−	−.16
(3)	C	39.17	3.84		−

11.2.2 ベイズ的分析

〔1〕 **分 析**   JASP において，ベイズ的分析により相関分析を行うには

> ［Regression］
> → ［Bayesian Correlation Matrix］

を選択する。すると，**図 11.4** のような出力ウィンドウが出力される。つぎに，相関係数を求めたい項目である A から C を右のボックスに移す。すると，Results に相関分析の結果が出力される。

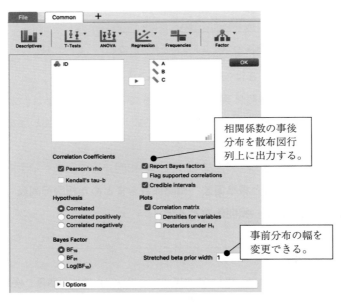

図 11.4　ベイズ的分析による相関分析の分析ウィンドウ

ここで，相関係数の 95% 確信区間と散布図を出力するために

> ［Credible intervals］ と ［Correlation Matrix］

を選択する。

以上の手順で分析を行うと，**図 11.5** のような結果が得られる。

なお，より詳細な結果を知りたい場合は

Bayesian Correlation Matrix ▼

Bayesian Pearson Correlations ▼

		A	B	C
A	Pearson's r	—		
	BF_{10}	—		
	Upper 95% CI	—		
	Lower 95% CI	—		
B	Pearson's r	0.550	—	
	BF_{10}	5.259	—	
	Upper 95% CI	0.775	—	
	Lower 95% CI	0.119	—	
C	Pearson's r	−0.048	−0.155	—
	BF_{10}	0.282	0.338	—
	Upper 95% CI	0.376	0.288	—
	Lower 95% CI	−0.450	−0.527	—

図 11.5 ベイズ的分析による相関分析の
結果ウィンドウ（抜粋）

［Regression］
→ ［Bayesian Correlation Pairs］

を選択する（**図 11.6**）。

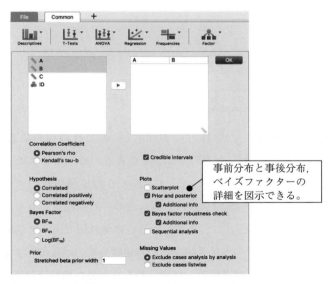

図 11.6 ベイズ的分析による 2 変数の相関分析の出力ウィンドウ

そして，相関係数を求めたい 2 変数を右のボックスに移す。相関係数の事前
分布と事後分布の詳細を出力する場合は

[Priori and posterior]

を選択する。また，事前分布を変更した際の事後分布の変化を出力する場合は

[Bayes factor robustness check]

を選択する。

以上の手順で分析を行うと，**図 11.7** のような結果を得る。

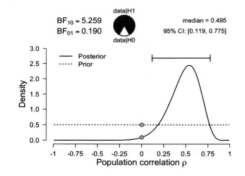

図 11.7 ベイズ的分析による 2 変数の相関分析の結果ウィンドウ（抜粋）

〔2〕　**結果の読み方**　　図 11.5 に着目する。A と B の相関係数は r=.550 であり，ベイズファクターも BF_{10}=5.259 であるため，A と B は正の相関関係にあると判断できる。対して，A と C，B と C の相関係数のベイズファクターはそれぞれ BF_{10}=0.282，0.388 であるため，対立仮説よりも帰無仮説が正しいと判断できる。つまり，A と C，B と C は無相関であると判断する。

〔3〕　**結果の書き方**　　ベイズ的分析での相関分析の結果で示すものは，

1)　**データの平均値と標準偏差，相関係数をまとめた相関行列表，データ数**

2)　**ベイズファクター**

3)　**相関係数の事前分布**

である。

結果の報告例

20名を対象に，課題A，B，Cの終了までに掛かった時間の関係を検討した。JASPにより，ベイズ推定法により相関係数を算出した。母相関係数 ρ として，帰無仮説を「$H_0 : \rho = 0$」，対立仮説を「$H_1 : \rho \neq 0$」とした。ρ の事前分布として，JASPのデフォルトであるベータ分布 $B(1, 1)$ を用いた。平均値と標準偏差，相関係数を表11.1に記す。

その結果，Aの終了までに時間が掛かると，Bも時間が掛かることが明らかとなった（$r = .55, BF_{10} = 5.26$）。また，BとC，AとCには相関関係が認められなかった（$r = -.16, BF_{10} = 0.28 ; r = -.05, BF_{10} = 0.39$）。 ※表11.1は省略

☕ **散布図行列**

レポートや論文で相関分析の結果を報告する場合は表11.1のような表を作成する。結果の概要を掴む段階からこのような表をつくるのもいいが，まず**散布図行列**（scatter plot matrix）を作成するとよい。散布図行列とは，散布図や相関係数，ヒストグラムを行列形式に並べたものである。

JASPで散布図行列を出力するには

[Correlation Plot]

を選択する。すると，**図11.8**のような散布図行列が出力される。

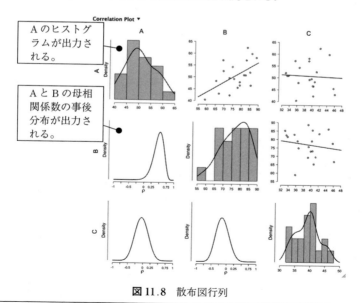

Aのヒストグラムが出力される。

AとBの母相関係数の事後分布が出力される。

図11.8 散布図行列

─── **章 末 問 題** ───

表11.2は，10人の学生の一般教養科目の期末試験の点数を示している（「11章演習データ.csv」）。

表11.2

A	B	C	A	B	C
44	36	35	62	52	37
51	42	35	59	56	48
64	69	64	48	39	33
54	58	58	58	49	37
47	55	61	59	68	68

（1） 科目間の点数の相関について，頻度論的分析による相関分析を行い，結果を記せ。
（2） 科目間の点数の相関について，ベイズ的分析による相関分析を行い，結果を記せ。
（3） 1と2の結果について，その共通点と差異を説明せよ。

12. 変数を予測・説明する

「気温が 1℃ 上がるとアイスクリームの売り上げはどのくらい増えるのか？」「勉強時間はテストの得点を予測できるか？」のような，一方の変数から他方の変数を予測（説明）する方法として，**回帰分析**（regression analysis）がある。前章で扱った相関係数をもとに，回帰分析は行われるので，前章の内容を確認しておくことが望ましい。本章では，回帰分析に関する概念と JASP による回帰分析の方法を説明する。

　キーワード：独立変数，従属変数，回帰係数，寄与率，多重共線性

●●● 12.1　回帰分析の方法 ●●●

12.1.1　回帰分析とは

　回帰分析は，変数間の相関係数を用いて「一方の変数から他方の変数を予測（説明）する方法」である。回帰分析において，予測する側の変数を**独立変数**（independent variable）や**予測変数**，**説明変数**（predictor variable）という。一方，予測される側の変数を**従属変数**（dependent variable）や**目的変数**，**基準変数**（outcome variable）という。

　独立変数の数により，回帰分析の名称が異なる。独立変数が一つの場合を**単回帰分析**（simple regression analysis），二つ以上の場合を**重回帰分析**（multiple regression analysis）という。例えば，勉強時間からテストの得点を予測する場合は「単回帰分析」であり，部屋の広さと建物の築年数から家賃を予測する場合は「重回帰分析」となる。

　以下では，単回帰分析と重回帰分析に分けて，説明する。

〔1〕　**単回帰分析**　　単回帰分析では

　　　（従属変数）$= a + b \times$（独立変数） $\hspace{4cm}$ (12.1)

を用いて，独立変数により従属変数を予測する。この式 (12.1) を単回帰式という。式 (12.1) は，1 次関数の式であるため，a を切片，b を直線の傾きと捉えることができる。回帰分析では，a を**切片** (intercept)，b を**回帰係数** (regression coefficient) という。

例えば，勉強時間（単位：時間）とテスト得点について

$$（テストの得点）= 20.57 + 7.70 ×（勉強時間）\tag{12.2}$$

が得られたとする。式 (12.2) から，勉強時間が 2 時間の場合テストの得点は $20.57 + 7.70 × 2 = 35.97$ 点，勉強時間が 5 時間の場合テストの得点は $20.57 + 7.70 × 5 = 59.07$ 点と予測できる。つまり，勉強時間が 1 時間増えるごとにテスト得点が回帰係数である 7.70 点増える。このように，回帰係数は独立変数が 1 単位変化したときの，従属変数の変化を表す。

実際，勉強時間が 5 時間の場合テスト得点が 50 点の場合，予測値と実測値との誤差が $59.07 - 50 = 9.07$ 点ある。この予測値と実測値の誤差のことを**残差** (redisual) という。この残差が小さくなるように，散布図上に直線を引き，切片と回帰係数を求める方法が，回帰分析の基本的な考え方である（**図 12.1**）。

求めた単回帰式の当てはまりのよさは，**寄与率**（決定係数：R^2 値）により判断する（5 章参照）。例えば，式 (12.2) の寄与率が $R^2 = .49$ であれば，「勉強時間により，テスト得点の 49％ が予測できる」と解釈する。

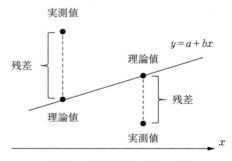

図 12.1　回帰分析のイメージ図

〔2〕　**重回帰分析**　　重回帰分析では

$$（従属変数）= a + b_1 ×（独立変数 1）+ \cdots + b_n ×（独立変数 n）\tag{12.3}$$

を用いて，独立変数により従属変数を予測する。式 (12.3) を回帰式という。重回帰分析では，b_1 から b_n を**偏回帰係数**（b）といい，a は単回帰分析と同じく切片という。

例えば，建物の広さ〔m²〕と築年数（年），家賃〔万円〕について

(家賃) = 3.2 + 0.05 × (建物の広さ) − 0.03 × (築年数)   (12.4)

が得られたとする。偏回帰係数は，「ほかの独立変数を一定にしたうえで，その独立変数が1単位変化したときの，従属変数の変化」を示す。例えば，建物の偏回帰係数0.05は，築年数を一定の値にしたとき，建物の広さが1m²増えると，家賃が0.05万円増加すると考えるのである。

偏回帰係数は独立変数と従属変数の単位に依存しているため，単位が異なる独立変数では，どの変数がより影響を与えるのか判断しがたい。そこで，単位に依存しない偏回帰係数である**標準化偏回帰係数**（β）を用いる[†]。標準化偏回帰係数は「ほかの独立変数を一定にしたうえで，その独立変数が1標準偏差変化したときの従属変数の変化」を示す。標準化偏回帰係数の取りうる値は，およそ−1から1であり，0から離れているほど大きな影響を与えると判断する。

例えば，式（12.4）における標準化偏回帰係数が，建物の広さに関して.78，築年数に関して−.34であったとする。この場合，家賃に対して，建物の広さは築年数よりも大きな影響を与えると判断する。

また，単回帰分析と同様に，回帰式の当てはまりのよさは寄与率により判断する。しかし，寄与率には，たとえ予測に役立たない変数を独立変数に加えても大きくなるという性質がある。そのため，重回帰分析では，独立変数の個数を考慮した寄与率である**自由度調整済み寄与率**（Adjusted R^2）を用いる。

12.1.2 回帰分析の実施

〔1〕 **頻度論的分析**　つぎの二つの帰無仮説を設定する。

1)　独立変数により従属変数が予測できない

2)　（偏）回帰係数が0である

[†] 独立変数が一つのとき標準化回帰係数は，独立変数と従属変数の相関係数と一致する。しかし，独立変数が二つ以上のときの標準化偏回帰係数は，その独立変数と従属変数の相関係数と一致しない。

前者は分散分析により，後者は t 検定により検討し，パラメータ，すなわち切片と（偏）回帰係数を推定する。

　〔2〕 **ベイズ的分析**　　頻度論的分析と同じ帰無仮説を設定する。（偏）回帰係数の事前分布として「g 事前分布（g-prior）」を設定し，推定を行う。JASP では，g 事前分布を「定数（constant）」または「確率分布に従う確率変数（random variable）」に設定できる（**表12.1**）。

　ベイズ的分析の回帰分析は，ベイズファクターにより帰無仮説と対立仮説のどちらが正しいかを判断する。

表 12.1　g 事前分布の種類[1]

定　数	AIC, BIC, EB-global, EB-local, g-prior
確率変数	Hyper-g, Hyper-g-Laplace, Hyper-g-n, JZS

12.1.3　回帰分析を実施するときの注意点

　回帰分析を実施する前に，つぎの四つの条件を確認しておく必要がある。特に，1 と 2 は回帰分析において重要な条件である。

　1）　サンプルサイズが「独立変数の数×10」以上あるか

　2）　独立変数間に多重共線性はないか　　**多重共線性**（multicollinearity）とは，重回帰分析において独立変数間の相関が強い場合に偏回帰係数の推定値が不安定になることである。多重共線性は，**VIF**（variance inflation factor; 分散拡大要因）という指標により判断できる。VIF は 2 未満であることが望まれ，10 以上である場合は多重共線性が生じていると判断する。VIF が 10 以上である場合，その変数を除外して重回帰分析を行えばよい。

　3）　残差は正規性を有するか　　回帰分析では，残差が正規分布に従うことを仮定している。分散分析と同様に，Q-Q プロットにより判断する。

　4）　残差は独立性を有するか　　回帰分析ではそれぞれの残差はたがいに独立であることを仮定している。残差の独立性については，**ダービン・ワトソン比**（Durbin-Watson ratio）という指標により判断できる。ダービン・ワトソン

比が2前後であるときは，残差が独立性を有すると判断し，1未満ないし3以上であるときは，残差が独立性を有さないと判断する。

●●● 12.2 回帰分析の実行 ●●●

この節では，JASP で回帰分析を実施する方法を解説する。

使用するデータは，30軒のアパートの家賃（rent：万円）と駅までの徒歩時間（walk：分），築年数（year：年），面積（area：m²）を示している（「家賃データ.csv」）。

ここでは，アパートの家賃を駅までの徒歩時間と築年数，面積で予測することができるかを検討する。つまり，アパートの家賃を従属変数，駅までの徒歩時間と築年数，面積を独立変数とした重回帰分析を行う。

12.2.1 頻度論的分析

〔1〕 分　析　　JASP において，頻度論的分析による回帰分析を行うには

[Regression]
→ [Linear Regression]

を選択する。すると，**図12.2**のような出力ウィンドウが出力される。つぎに，従属変数である rent を [Dependent Variable]，独立変数である year と walk，area を [Covariates] に移す。すると，Results に回帰分析の結果が出力される。

多重共線性を確認するには

[Statistics]
→ [Colinearity diagnostics]

を選択する。また，ダービン・ワトソン比を出力するためには

[Statistics]
→ [Durbin-Watson]

を選択する。

残差の正規性を検討する場合は

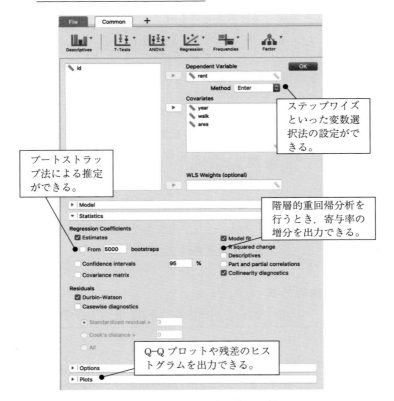

図 12.2 頻度論的統計による回帰分析の分析ウィンドウ

[Plots]

→ [Residuals histogram] か [Q-Q plot standardized residuals]

を選択する。前者は分布が左右対称，後者は直線上に点があれば正規性を満た
していると判断できる。

　以上の手順で分析を行うと，**図 12.3** のような結果が得られる。

〔2〕　**結果の読み方**　　まず，[Model Summary] および [ANOVA] の結果
から，回帰式の当てはまりのよさを確認する。ANOVA の結果，回帰式は 0.1
％水準で有意であると判断できる（$F(3, 29) = 113.5, p < .001$）。すなわち，
独立変数により従属変数が有意に説明できることが示された。また，調整済み

Results ▼

Linear Regression ▼

寄与率と自由度調整済み寄与率が出力される。

ダービン・ワトソン比が出力される。

Model Summary ▼

Model	R	R²	Adjusted R²	RMSE	Durbin–Watson
1	0.964	0.929	0.921	0.473	2.036

F 検定の自由度は，F (Regression, Total) であることに注意すること。

ANOVA

Model		Sum of Squares	df	Mean Square	F	p
1	Regression	76.116	3	25.372	113.5	< .001
	Residual	5.813	26	0.224		
	Total	81.930	29			

寛容度と VIF が出力される。

偏回帰係数と標準誤差，標準化偏回帰係数が出力される。

Model		Unstandardized	Standard Error	Standardized	t	p	Tolerance	VIF
							Collinearity Statistics	
1	(Intercept)	5.435	0.344		15.800	< .001		
	year	−0.093	0.007	−0.674	−12.616	< .001	0.955	1.047
	walk	−0.047	0.016	−0.159	−2.997	0.006	0.969	1.032
	area	0.092	0.010	0.512	9.443	< .001	0.930	1.076

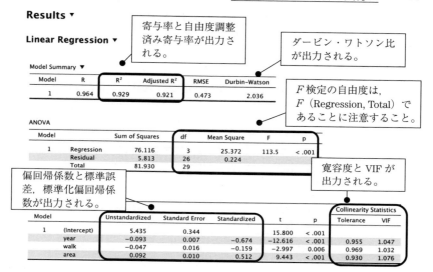

図 12.3 頻度論的統計による回帰分析の結果ウィンドウ（抜粋）

寄与率が Adjusted R^2 = .921 であるため，家賃の 92.1% が徒歩時間と築年数，面積により説明されることがわかる。

つぎに，［Coefficients］の結果から，偏回帰係数（unstandardized）と標準化偏回帰係数（Standardized）を確認する。VIF の値はすべて 10 未満であるため，多重共線性は生じていないと判断できる。p 値は徒歩時間が p = .006，ほかの変数は p < .001 であるため，いずれの独立変数も偏回帰係数が 0 ではないと判断できる。

偏回帰係数に着目すると，築年数は B = −0.093 であるため，<u>徒歩時間と面積が同じアパートについて</u>，築年数が 1 年増えると家賃が 0.093 万円（930 円）安くなると解釈できる。さらに，標準化偏回帰係数は，築年数が −.674，徒歩時間が −.159，面積が .512 である。つまり，家賃に対して，最も影響を与えているのが築年数，つぎが面積であり，徒歩時間の影響が小さいと判断できる。

〔3〕 **結果の書き方**　頻度論的分析での回帰分析の結果では

1) **偏回帰係数（B）と標準誤差（SEB：standard error of B），標準化偏回帰係数（β）**

2) VIF, 寄与率（R^2：重回帰分析では調整済み寄与率）

を示せばよい。

結果の報告例

　アパートの家賃に対する，築年数と駅からの徒歩時間，面積が及ぼす影響を検討するために，重回帰分析を行った。結果を**表 12.2** に記す。

表 12.2 重回帰分析の結果（$N=30$）

	B		SEB	β	VIF
切　片	5.44	***	0.34		
築年数	-0.09	***	0.01	$-.67$	1.05
徒歩時間	-0.05	**	0.02	$-.16$	1.03
面　積	0.09	***	0.01	.51	1.08

$R^2 = .93^{**}$，自由度調整済み $R^2 = .92$
$*** : p < .001 \ ** : p < .01$

　回帰式は 0.1％水準で有意であり（$F(3, 29) = 113.50$, $p < .001$），モデルの寄与率は $R^2 = .93$，自由度調整済み寄与率は .92 であった。築年数および駅からの徒歩時間は家賃を低下させ，面積は家賃を上昇させることが明らかとなった（$B = -0.09$, $\beta = -.67$, $p < .001$; $B = -0.05$, $\beta = -.16$, $p < .01$; $B = 0.09$, $\beta = .51$, $p < .001$）。また，標準化偏回帰係数の値から，築年数が家賃に対して最も影響を与えていることが明らかとなった。

12.2.2　ベイズ的分析

〔1〕　**分　析**　　JASP において，ベイズ的分析による回帰分析を行うには

[Regression]

→ [Bayesian Linear Regression]

を選択する。すると，**図 12.4** のような出力ウィンドウが出力される。つぎに，従属変数である rent を［Dependent Variable］，独立変数である year と walk, area を［Covariates］に移す。

　ここで，偏回帰係数を出力するために

[Posterior summary]

を選択する（図 12.4）。なお，JASP では，標準化偏回帰係数や VIF は出力さ

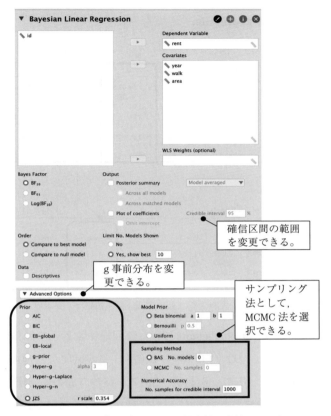

図 12.4 ベイズ的分析による回帰分析の分析ウィンドウ

れないことに注意が必要である。そのため，標準化偏回帰係数や VIF を確認するには，頻度論的分析による回帰分析を行う必要がある。

　以上の手順で分析を行うと，**図 12.5** のような結果が得られる。

〔2〕　**結果の読み方**　　Model Comparison では，最もデータに適合する回帰式を検討した結果が示される。year＋walk＋area のベイズファクターが $BF_M = 36.463$ と最大であるため，築年数と徒歩時間，面積を独立変数とする回帰式が最適であると解釈できる。また，この回帰式における寄与率は .929 であるため，築年数と徒歩時間，面積により家賃の 92.9% が説明される。

Bayesian Linear Regression

> ほかのすべてのモデル
> に対するベイズファク
> ターが出力される。

Model Comparison

Models	P(M)	P(M|data)	BF$_M$	BF$_{10}$	R^2
year + walk + area	0.250	0.924	36.463	1.000	0.929
year + area	0.083	0.076	0.905	0.247	0.905
year + walk	0.083	2.105e −8	2.315e −7	6.834e −8	0.686
year	0.083	1.387e −8	1.525e −7	4.502e −8	0.627
area	0.083	1.340e −10	1.474e −9	4.350e −10	0.464
walk + area	0.083	6.739e −11	7.413e −10	2.188e −10	0.495
Null model	0.250	7.588e −13	2.276e −12	8.212e −13	0.000
walk	0.083	2.271e −13	2.498e −12	7.374e −13	0.084

> $B=0$ に対す
> るベイズフ
> ァクター が
> 出力される。

Posterior Summary

Posterior Summaries of Coefficients

Coefficient	Mean	SD	P(incl)	P(incl|data)	BF$_{inclusion}$	95% Credible Interval Lower	Upper
Intercept	5.497	0.087	1.000	1.000	1.000	5.311	5.660
year	−0.092	0.007	0.500	1.000	4.942e +9	−0.107	−0.078
walk	−0.043	0.019	0.500	0.924	12.154	−0.072	0.000
area	0.092	0.010	0.500	1.000	2.864e +7	0.071	0.110

図 12.5 ベイズ的分析による回帰分析の結果ウィンドウ

Posterior Summaries of Coefficients では，偏回帰係数とその 95%確信区間が示される。築年数は−0.092 ［−0.107, −0.078］，徒歩時間が−0.043 ［−0.072, 0.000］，面積が 0.092 ［0.071, 0.110］である。徒歩時間の偏回帰係数の 95%確信区間に 0.000 が含まれているが，ベイズファクターが 12.154 と「強い証拠」であるため，家賃を低下させると解釈できる。

〔3〕 **結果の書き方**　　ベイズ的分析での回帰分析の結果で示すものは，

1) **事前分布**　デフォルトは，尺度母数（r）が 0.354 のコーシー分布

2) **寄与率，偏回帰係数（B）とその 95%確信区間，ベイズファクター**

である。

結果の報告例

アパートの家賃に対する，築年数と駅からの徒歩時間，面積が及ぼす影響を検討するために，JASP によりベイズ推定法による重回帰分析を行った。JASP のデフォルトに従い，偏回帰係数の事前分布は尺度母数 $r=0.35$ のコーシー分布を用いた。結果を**表 12.3** に記す。

表 12.3 重回帰分析の結果 ($N=30$)

	B	95% CI	BF
切 片	5.50	$[5.31, 5.66]$	1.00
築年数	-0.09	$[-0.11, -0.08]$	4.94×10^9
徒歩時間	-0.04	$[-0.07, 0.00]$	12.15
面 積	0.09	$[0.07, 0.11]$	2.86×10^7

$R^2 = .93$

　回帰式のベイズファクターは $BF=36.46$ であり，寄与率は $R^2=.93$ であった。築年数および駅からの徒歩時間は家賃を低下させ（$B=-0.09$ $[-0.11, -0.08]$, $BF=4.94\times10^9$; $B=-0.04$ $[-0.07, 0.00]$, $BF=12.15$），面積は家賃を上昇させることが明らかとなった（$B=0.09$ $[0.07, 0.11]$, $BF=2.86\times10^7$）。

　偏回帰係数の誤用

　偏回帰係数は「ほかの独立変数を一定にしたうえで，その独立変数が 1 単位変化したときの，従属変数の変化」と説明した。この「ほかの独立変数を一定にしたうえで」という条件は，「ほかの独立変数の影響を取り除いたうえで」ということを意味している。このことを踏まえると，独立変数間に相関がある場合の重回帰分析の正しいイメージは，**図 12.6**（a）のようになる。

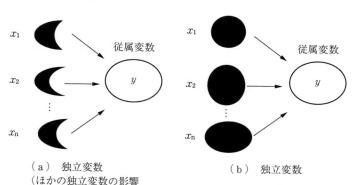

（a）　独立変数
（ほかの独立変数の影響
を除いたもの）

（b）　独立変数

図 12.6　独立変数間に相関がある場合の重回帰分析のイメージ[2]

　しかし，学生や学者を問わず多くの人が，重回帰分析を図（b）のように捉えている[2]。独立変数間に高い相関がある場合には，独立変数の削り取られる部分が大きくなってしまい，本当に知りたかったことに迫れなくなることがあり得る。そのため，重回帰分析を行う場合，VIF だけでなく，独立変数間の相関係数にも着目しなければならない。

Relative Weights Analysis

　重回帰分析では，どの独立変数の影響が相対的に大きいかを標準化偏回帰係数により明らかにする。しかし，その独立変数が従属変数の何%を説明しているのかは定かではない。

　それぞれの独立変数が従属変数の何%を説明しているかを分析する方法として，**Relative Weights Analysis** がある。本章の「家賃データ .csv」を Relative Weights Analysis で分析すると**表 12.4** の結果が得られる。この結果から，例えば築年数は家賃の 53.4%を説明できることがわかる。

表 12.4 Relative Weights Analysis の結果

築年数	徒歩時間	面　積
53.4%	4.6%	34.9%

　Relative Weights Analysis は，JASP では行えないが，R の relaimpo パッケージ[3]にて行うことができる。従属変数の何%を説明するのか知りたい場合には，有益な分析であるだろう。

──── 章 末 問 題 ────

　表 12.5 は，商品 A と商品 B の売上個数〔個〕と，販売店舗での利益〔千円〕である（「12 章演習データ .csv」）。

表 12.5

商品 A	商品 B	利　益	商品 A	商品 B	利　益	商品 A	商品 B	利　益
53	91	167	57	66	175	59	36	182
69	33	210	70	34	215	75	66	227
68	52	210	65	70	221	59	57	189
69	31	216	71	39	223	58	35	178
76	47	243	66	92	206	56	52	177
69	79	217	58	31	183	57	77	175
50	52	158	78	85	246			

（1）　商品 A と B の売上個数が販売店舗での利益に及ぼす影響について，頻度論的分析による回帰分析を行い，結果を記せ。

（2）　商品 A と B の売上個数が販売店舗での利益に及ぼす影響について，ベイズ的分析による回帰分析を行い，結果を記せ。

（3）　1 と 2 の結果について，その共通点と差異を説明せよ。

13. 質的変数の連関を検討する

「性別と喫煙に関連はあるのか？」「ある食品を食べることと病気になることに関連はあるのか？」のように，二つの質的変数の関連を検討する方法として**カイ 2 乗**（χ^2）**検定**（chi-square test）がある。本章では，質的変数の関連に関する概念とカイ 2 乗検定の方法を説明する。

キーワード：連関，連関係数，カイ 2 乗検定，残差分析，js-STAR

●●● 13.1 カイ 2 乗検定の方法 ●●●

13.1.1 カイ 2 乗検定とは

二つの質的変数同士に関連があることを**連関**（association）という。連関を視覚化する方法として，**クロス集計表**がある。例えば，性別と喫煙について調査したところ，男性では 24 名が喫煙者で 56 名が非喫煙者，女性では 6 名が喫煙者で 70 名が非喫煙者であったとする。この結果をクロス集計表にまとめると，**表 13.1** のようになる。

表 13.1 クロス集計表

列（column）：縦長の単位

	禁煙	喫煙
女性	70	6
男性	56	24

行（row）：横長の単位

カイ 2 乗検定は，クロス集計表の行と列が関連しているか，すなわち二つの質的変数の連関を検討する方法である。同時に，一つの質的変数のカテゴリ間での人数や回数といった頻度の差を検討することもできる。

〔1〕 **頻度論的分析**　帰無仮説として「H_0：二つの質的変数に連関がな

い」, 対立仮説として「H_1：二つの質的変数には連関がある」を設定する。そして，検定統計量（カイ２乗統計量）を計算し，棄却域に入るか否かを検討する。

カイ２乗検定の効果量として，**ファイ係数**（ϕ coefficient），または**クラメルの連関係数**（Cramer's V）がある。表 13.1 のような，2×2 のクロス集計表の場合はファイ係数を，ほかの場合にはクラメルの連関係数を用いる。ファイ係数とクラメルの連関係数の統計学における基準を**表 13.2** に記す。

表 13.2 連関係数の基準[1]

連関係数	自由度 (df)	小さい (small)	中程度 (moderate)	大きい (large)
ϕ	1	.10 以上	.30 以上	.50 以上
V	2	.07 以上	.21 以上	.35 以上
V	3	.06 以上	.17 以上	.29 以上
V	4	.05 以上	.15 以上	.25 以上
V	5	.04 以上	.13 以上	.22 以上

また，カイ２乗検定の事後分析として，クロス集計表のセルの値が統計的に大きいか小さいかを検討する「**残差分析**（residual analysis）」がある。回帰分析のときと同様に，残差は実測値と期待値の差である。カイ２乗検定では，残差の中でも

$$（調整済み残差）＝\frac{（実測値－期待値）/\sqrt{期待値}}{\sqrt{(1-\dfrac{行の合計}{総計})(1-\dfrac{列の合計}{総計})}} \tag{13.1}$$

で表される**調整済み残差**（adjusted residual）が用いられる。

調整済み残差は標準正規分布に従うため，その値と有意確率は**表 13.3** のようになる。残差分析は，JASP では実行できないため，自分で計算するか，ま

表 13.3 調整済み残差と有意確率

調整済み残差の大きさ	有意確率
1.96 より大きい，−1.96 より小さい	5 %（$p < .050$）
2.56 より大きい，−2.56 より小さい	1 %（$p < .010$）
3.29 より大きい，−3.29 より小さい	0.1 %（$p < .001$）

たはRやjs-STAR[2)]にてカイ2乗検定を行う必要がある。

〔**2**〕**ベイズ的分析**　　頻度論的分析と同様の帰無仮説と対立仮説を立て，ベイズファクターを推定する。ベイズファクターを推定するにあたり，事後分布のサンプリング法を決める。データの収集法によりサンプリング法が異なるため，サンプリング法の選択には注意が必要である（**表13.4**）。なお，事前分布は，サンプリング法に合わせて自動的に決まる（詳細は，Jamilら[3)]を参照）。

表13.4　ベイズ的分析によるカイ2乗検定のサンプリング法

サンプリング法	用　途
ポアソン分布 （Poisson）	データの総数などを決めずに，データを集めた場合に用いる。
同時多項分布 （Joint multinomial）	データの総数を決めたうえで，データを集めた場合に用いる。 　例）100名を対象として，データを集める。
独立多項分布 （Indep. multinomia）	列（または行）のカテゴリ間のデータ数を決めたうえで，データを集めた場合に用いる。 　例）男性50名，女性50名にデータを集める。
超幾何分布 （Hypergeometric）	列および行のカテゴリ間のデータ数を決めたうえで，データを集めた場合に用いる。2×2のクロス集計表の場合のみ用いる。 　例）男性50名，女性50名かつ喫煙者が50人，非喫煙者が50人になるようにデータを集める。

13.1.2　カイ2乗検定を実施するときの注意点

カイ2乗検定を行う前に，つぎの三つの条件を確認する必要がある。

1）　**データが名義尺度で分類されたデータであるか**

2）　**比率ではなく，人数や回数といった頻度を用いているか**

3）　**セルの期待値は5以上であるか**　　カイ2乗検定は，セルの期待値が5未満だと推定値が不安定になる。そのため，セルの期待値が5未満の場合は，**イェーツの連続補正**（Yates' continuity correction）または**フィッシャーの正確検定**（Fisher's exact test）を行う。JASPでは，イェーツの連続補正ができる。

●●● 13.2　カイ2乗検定の実行 ●●●

この節では，JASPで相関分析を実施する方法を解説する。

使用するデータは，女性（F）76 名，男性 80 名（M）が喫煙するか否か（1
＝喫煙，0＝禁煙）を示している（「喫煙データ.csv」）。

13.2.1　頻度論的分析

〔1〕　**分析**　　JASP において，頻度論的分析によるカイ 2 乗検定を行うには

> ［Frequencies］
> → ［Contingency Tables］

を選択する。すると，**図 13.1** のような出力ウィンドウが出力される。つぎに，
［Rows］（行）に sex，［Columns］（列）に smoking を移す。

また，ファイ係数を出力するために

> ［Phi and Cramer's V］

図 13.1　頻度論的分析によるカイ 2 乗検定の分析ウィンドウ

を選択する。さらに，期待値を出力するために

> ［Cells］
> → ［Expected］

を選択する。

以上の手順で分析を行うと，**図 13.2** のような結果が得られる。

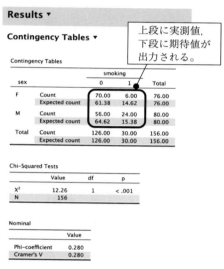

図 13.2　頻度論的分析によるカイ2乗検定の
結果ウィンドウ

〔2〕　**結果の読み方**　　［Chi-Squared Tests］の結果から，$p < .001$ である。
このことは，0.1%水準で性別と喫煙には連関があることを意味する。ただし，
ファイ係数が $\phi = .280$ であるため，表13.2の基準に従えば「小さい連関」と
判断できる。

式（13.1）をもとに，調整済み残差を求めると**表 13.5** のようになる。すべ
てのセルで，調整済み残差は ±3.29 より大きい（または，小さい）値となっ
ている。よって，これらのセルの値は期待値よりも 0.1%水準で有意に大きい
（または，小さい）といえる。以上から，女性では禁煙の人が多く，男性では
喫煙の人が多いと解釈できる。

表13.5　調整済み残差

	禁煙	喫煙
女性	3.502	-3.502
男性	-3.502	3.502

〔3〕　**結果の書き方**　　頻度論的分析でのカイ2乗検定の結果では

1）　カイ2乗値と自由度，p値，連関係数

2）　実測値と調整済み残差を記したクロス集計表

を示せばよい。

結果の報告例

　性別と喫煙の連関を検討するために，女性76名と男性80名を対象に喫煙するか否かの回答を求めた（**表13.6**）。カイ2乗検定を行った結果，0.1%水準で有意となった（$\chi^2(1) = 12.26$, $p < .001$, $\phi = .28$）。また，残差分析の結果（表13.6），女性では禁煙の人が多く，男性では喫煙の人が多いことが明らかとなった。

表13.6　性別と喫煙のクロス集計表と調整済み残差（$N = 156$）

		喫煙	
		禁煙	喫煙
女性	度　数	70	6
	調整済み残差	3.50***	-3.50***
男性	度　数	56	24
	調整済み残差	-3.50***	3.50***

*** : $p < .001$

13.2.2　ベイズ的分析

〔1〕　**分析**　　JASPでは，ベイズ的分析によるカイ2乗検定を行うには

[Frequencies]
→ [Bayesian Contingency Tables]

を選択する。すると，**図13.3**のような出力ウィンドウが出力される。つぎに，[Rows]（行）にsex，[Columns]（列）にsmokingを移す。

　ここでは，女性76名と男性80名を対象としているため，行が固定された値と考える。そこで，サンプリング法は

[Indep. multinomial, rows fixed]

を選択する。

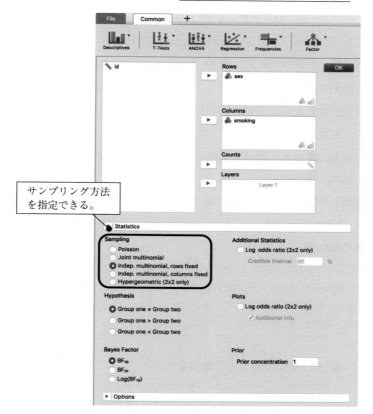

サンプリング方法
を指定できる。

図 13.3　ベイズ的分析によるカイ2乗検定の分析ウィンドウ

Results ▼

Bayesian Contingency Tables

Bayesian Contingency Tables

	smoking		
sex	0	1	Total
F	70	6	76
M	56	24	80
Total	126	30	156

Bayesian Contingency Tables Tests

	Value
BF_{10} independent multinomial	84.27
N	156

図 13.4　ベイズ的分析によるカイ2乗
検定の結果ウィンドウ

　ただし，JASP でのベイズ的分析によるカイ 2 乗検定では，残差分析を行うことができないため，連関があるか否かの判断しかできない。

　以上の手順で分析を行うと，**図 13.4** のような結果が得られる。

　〔2〕　**結果の読み方**　　ベイズファクターが $BF=84.27$ であるため，対立仮説は帰無仮説よりも「とても強く」支持される。よって，性別と喫煙には連関があると解釈する。

　〔3〕　**結果の書き方**　　ベイズ的分析でのカイ 2 乗検定の結果では

1)　**ベイズファクター**

2)　**実測値を記したクロス集計表**

を示せばよい。

結果の報告例

　性別と喫煙の連関を検討するために，女性 76 名と男性 80 名を対象に喫煙するか否かの回答を求めた（表 13.1）。サンプリング法として独立多項分布を選択したうえで，JASP を用いてベイズ推定法によるカイ 2 乗検定を行った。その結果，性別と喫煙には連関があることが示された（$BF=84.27$）。※表 13.1 は省略

13.2.3　js-STAR によるカイ 2 乗検定

　JASP でのカイ 2 乗検定は，残差分析を行うことができない。そこで，残差分析，さらにはフィッシャーの正確検定のできる js-STAR によるカイ 2 乗検

図 13.5　js-STAR のトップページ

定について説明する。

js-STAR（http://www.kisnet.or.jp/nappa/software/star/）にアクセスする（**図13.5**）。図13.5のトップページにある

［度数の分析］

→ ［i×j表カイ2乗検定］

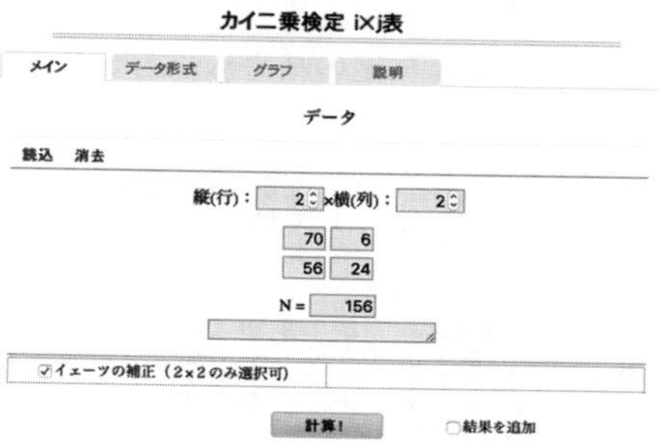

図13.6 js-STARにおけるカイ2乗検定の
分析ウィンドウ

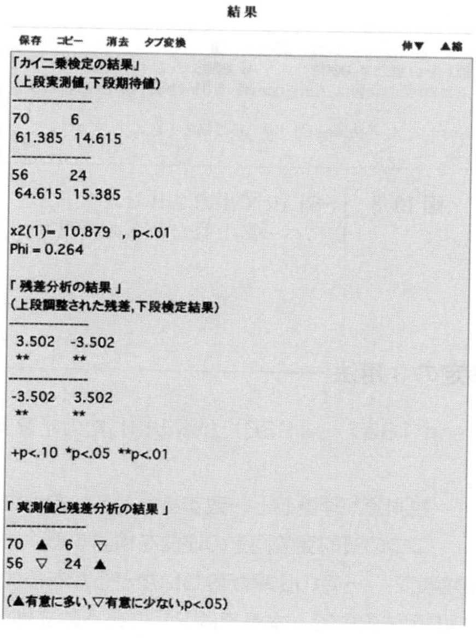

図13.7 js-STARにおけるカイ2乗検定の
結果ウィンドウ（抜粋）

を選択する。そして，縦（行）を 2，横（列）を 2 に設定したうえで，表 13.1 にある数値を入れる（**図 13.6**）。

　［計算！］をクリックすると，**図 13.7** のような結果が出力される。

図 13.7 のように，js-STAR ではカイ 2 乗検定の結果と残差分析の結果が出力される。また，結果の下に出力される R のコードを R にペーストすると，**図 13.8** のような結果が出力される。図 13.8 では，カイ 2 乗検定だけではなく，検出力分析やフィッシャーの正確検定の結果も出力される。

```
> tc3 # 群の多重比較（カイ二乗検定）
              χ2 値  df    p値   調整後p値
群1 vs 群2    10.88   1  0.001     0.001
> # p値の調整は Benjamini & Hochberg(1995) による
>
> tx4 # パワーアナリシス
              効果量w    α  1-β  df   N
 α の計算   0.2804 0.0078  0.8   1  156
 N の計算   0.2804 0.0500  0.8   1  100
> # ■ NULL, NA が表示されたら計算不能■
> # Nは総度数（total sample size）を示す
>
>
> tx2 # [参考]
                            p値
フィッシャーの正確検定 0.0005
> # ■ NULL は計算不能
> tx3 # 多重比較（Fisher's exact test，両側）
              p値    調整後p値
群1 vs 群2 0.0005     0.0005
> # p値の調整は Benjamini & Hochberg(1995) による
>
> # _/_/_/ Powered by js-STAR _/_/_/
>
```

図 13.8　js-STAR で出力されるコードを
R にペーストしたときの結果

　カイ 2 乗検定の 3 用法

　ピアソン（K. Pearson 1857 ～ 1936）が編み出したカイ 2 乗検定には，三つの用法がある。
　1）　適合度の検定　　観測値が理論値と一致するかどうかを検討する。
　2）　独立性の検定　　二つの質的変数同士の連関を検討する。
　3）　比率の等質性の検定　　一定の比率が等しいかどうかを検討する。
　カイ 2 乗検定の三つの用法の中で，本章では 2）にある独立性の検定を取り上げてきた。1）と 3）の用法は取り上げていないが，分析方法に大きな違いはない。

　以上のように，JASP だけではなく js-STAR や R を用いることで，より詳細なカイ 2 乗検定を行うことができる。自らの関心や仮説，必要性に応じて，用いる分析ツールを使い分けることが重要である。

―――― 章 末 問 題 ――――

　表 13.7 は，学生 185 名を無作為に選んで，性別とケーキの好みを尋ねた結果をまとめたものである（「13 章演習データ .csv」）。

表 13.7

	ショートケーキ	チーズケーキ
男性	43	62
女性	53	27

（1）　性別のケーキの好みの連関について，頻度論的分析によるカイ 2 乗検定を行い，結果を記せ。

（2）　性別のケーキの好みの連関について，ベイズ的分析によるカイ 2 乗検定を行い，結果を記せ。

（3）　（1）と（2）の結果について，その共通点と差異を説明せよ。

14. 結果を図表に まとめる

データ分析して得られた結果を言葉だけではなく，きれいな図表で報告することは，結果を多くの人に伝えるうえで重要である。JASP で出力される図表は，軸のメモリを変えることや日本語の表記ができない。そのため，JASP で得られた図表をもとに自分で新たに図表をつくる必要がある。

キーワード：図表，Word，Excel，桁数

●●● 14.1　t 検定と分散分析の図表のつくり方 ●●●

14.1.1　平均値と標準偏差を記した表のつくり方（10 章，表 10.1）

〔1〕 Excel **平均値と標準偏差などを入力する**　　Excel を開き，平均値と標準偏差などを入力する（**図 14.1**）。

	A	B	C	D	E	F	G	H
1								
2		ストレス対処法	A(N=20)		B(N=20)		C(N=20)	
3			事前	事後	事前	事後	事前	事後
4		M	15.5	13.25	15.75	17.7	16.25	13.75
5		SD	3.43	3.24	4.04	4.43	3.74	3.86
6								

図 14.1　Excel　平均値と標準偏差などの入力

〔2〕 Excel **桁数を揃える**　　小数の桁数が揃っていない場合は桁数を揃える。今回は，数値の桁数を小数第 2 位に揃える。C4 から H5 を選択したうえで

```
［右クリック］
→［セルの書式設定］
→［表示形式］
→［ユーザー定義］
```

を選択する。そして，［0.00］を選択して，OK をクリックする（**図 14.2**）。

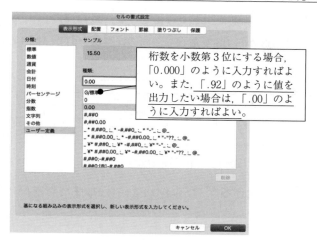

桁数を小数第3位にする場合，「0.000」のように入力すればよい。また，「.92」のように値を出力したい場合は，「.00」のように入力すればよい。

図 14.2 [Excel] 桁数を揃える

〔3〕　[Excel] **罫線を引く**　　B2 から H5 を選択したうえで

[右クリック]
→ [セルの書式設定]
→ [罫線]

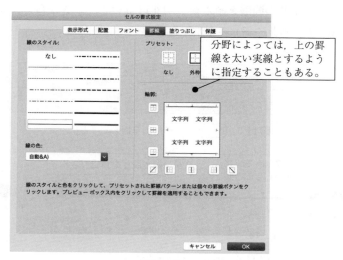

分野によっては，上の罫線を太い実線とするように指定することもある。

図 14.3 [Excel] 罫線を引く（1）

を選択し，細い実線の罫線を上と下に指定する（**図 14.3**）。

そして，3行目のB3からH3を選択し，同様に罫線を引く（**図 14.4**）。

	A	B	C	D	E	F	G	H
1								
2		ストレス対処法	A(N=20)		B(N=20)		C(N=20)	
3			事前	事後	事前	事後	事前	事後
4		M	15.50	13.25	15.75	17.70	16.25	13.75
5		SD	3.43	3.24	4.04	4.43	3.74	3.86

図 14.4 ［Excel］罫線を引く（2）

〔4〕［Word］**貼り付ける**　　Excel で B2 から H5 までを選択したうえで，Word を開き

> ［右クリック］
> → ［形式を選択してペースト］
> → ［HTML 形式］

を選択する。そして，日本語の文字や英数字のフォントやその大きさを指定する。ここでは，日本語の文字を「MS 明朝」，英数字は「Times New Roman」，サイズを 10.5 に指定した。

〔5〕［Word］**セルの間隔を揃える**　　**図 14.5** のように A から C までの平均値と標準偏差が記されたセルを選択する。

ストレス対処法	A(N=20)		B(N=20)		C(N=20)		
	事前	事後	事前	事後	事前	事後	
M	15.50	13.25	15.75	17.70	16.25		
SD	3.43	3.24	4.04	4.43	3.74		

図 14.5 ［Word］セルの間隔を揃える（1）

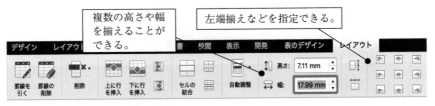

図 14.6 ［Word］セルの間隔を揃える（2）

［レイアウト］

→［幅］

を選択し，幅の長さを変更する。ここでは，17.99 mm に指定した（**図 14.6**）。
すると，**図 14.7** のような表ができる。

ストレス対処法	A(N=20)		B(N=20)		C(N=20)	
	事前	事後	事前	事後	事前	事後
M	15.50	13.25	15.75	17.70	16.25	13.75
SD	3.43	3.24	4.04	4.43	3.74	3.86

図 14.7　Word　セルの間隔を揃える（3）

〔**6**〕　Word　**セルを結合する**　　ストレス対処法のセルとその下のセルを
一つに結合したほうが，きれいな図表となる。**図 14.8** のように選択したうえで，

ストレス対処法	A(N=20)		B(N=20)		C(N=20)	
	事前	事後	事前	事後	事前	事後
M	15.50	13.25	15.75	17.70	16.25	13.75
SD	3.43	3.24	4.04	4.43	3.74	3.86

図 14.8　Word　セルを結合する（1）

［レイアウト］

→［セルの結合］

を選択する。同様にして，A（$N=20$）から C（$N=20$）を隣のセルと結合さ
せる。すると，**図 14.9** のような表ができる。

ストレス対処法	A(N=20)		B(N=20)		C(N=20)	
	事前	事後	事前	事後	事前	事後
M	15.50	13.25	15.75	17.70	16.25	13.75
SD	3.43	3.24	4.04	4.43	3.74	3.86

図 14.9　Word　セルを結合する（2）

〔7〕 Word 表の詳細を整える　　最後に，表の詳細を整える。そのうえ
で，重要なことはつぎの通りである。

1) 結果の小数点の位置を縦方向で揃える　　小数点の位置が揃うと，結果
が見やすくなる。そのため，結果の数値は左端揃えまたは右端揃えで整える。

2) 半角スペースを入れる　　8章で説明した通り，数式や英文では半角ス
ペースを入れなければ読みづらくなってしまう。

3) 表にタイトルをつける　　表にタイトルがないと，なにを示しているの
かわからなくなってしまう。

以上を踏まえると，**表 14.1** のような表ができる。

表 14.1　対処法ごとのストレス得点の平均値と標準偏差

ストレス対処法	A $(N=20)$		B $(N=20)$		C $(N=20)$	
	事前	事後	事前	事後	事前	事後
M	15.50	13.25	15.75	17.70	16.25	13.75
SD	3.43	3.24	4.04	4.43	3.74	3.86

14.1.2 平均値を記した図のつくり方 (10章, 図 10.5)

〔1〕 Excel **数値を入力する**　　Excel を開き，**図 14.10** のように数値を入
力する。

	A	B	C	D	E	F
1						
2			A	B	C	
3		事前	15.50	15.75	16.25	
4		事後	13.25	17.70	13.75	
5						

図 14.10　Excel 数値を入力する

〔2〕 Excel **グラフを作成する**　　B2 から E4 を選択したうえで

［挿入］
→ ［折れ線］
→ ［2-D 折れ線］の［折れ線］

図 14.11 ⏢Excel⏢ グラフを作成する（1）

	A	B	C	D	E	F
1						
2			A	B	C	
3		事前	15.50	15.75	16.25	
4		事後	13.25	17.70	13.75	
5						

図 14.12 ⏢Excel⏢ グラフを作成する（2）

を選択する（**図 14.11**）。すると，**図 14.12** のようなグラフが得られる。

〔3〕 ⏢Excel⏢ **グラフのデザインを変更する**　　グラフをクリックしたうえ
で，［グラフのデザイン］を選択すると，グラフのデザインを変更することが
できる。ここでは，事前と事後で点が変わる折れ線グラフにデザインを変更し
た（**図 14.13**）。

図 14.13 ⏢Excel⏢ グラフのデザインを変更する

〔4〕 [Excel] **グラフの軸の目盛りを変更する**   グラフをクリックしたうえで

> ［グラフのデザイン］
> → ［グラフ要素を追加］
> → ［軸］
> → ［その他のオプション］

を選択する。グラフの［縦（値）軸］をクリックして，［軸のオプション］にある ■■ で［軸のオプション］を選択し，最小値を 12，最大値を 18 に変更する（**図 14.14**）。

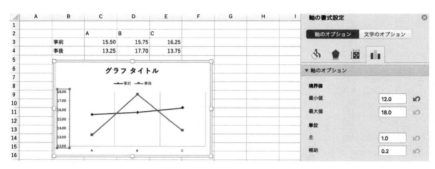

図 14.14 [Excel] グラフの軸の目盛りを変更する

〔5〕 [Excel] **グラフの軸にタイトルをつける**

> ［グラフのデザイン］
> → ［グラフ要素を追加］
> → ［軸ラベル］
> → ［第一横軸］

を選択すると，「軸ラベル」と出力される。グラフ上の「軸ラベル」をクリックし，「ストレス対処法」と入力する。同様に，［第一縦軸］を選択して，グラフの縦軸を「ストレス得点」とする（**図 14.15**）。

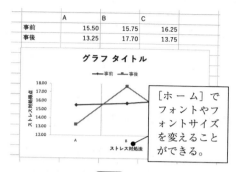

図 14.15 [Excel] グラフの軸に
タイトルをつける

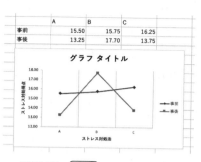

図 14.16 [Excel] グラフの凡例の
位置を変える

〔6〕　[Excel] **グラフの凡例の位置を変える**

[グラフのデザイン]
→ [グラフ要素を追加]
→ [凡例]

を選択することで，凡例の位置を変えることができる。ここでは，[右] に変更する。すると，**図 14.16** のような図が得られる。

〔7〕　[Word] **貼り付ける**　　グラフタイトルは Word ファイルにおいて記すため，Excel 上のものは消す。そのうえで，グラフを右クリックしてコピーし，Word にペーストする。

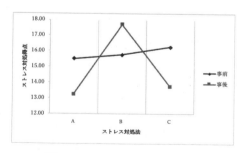

図 14.17　ストレス対処法ごとの
ストレス得点の平均値

[形式を選択してペースト]

→ [図 (PNG)] または [図 (JPEG)]

とすると，フォントや形式が崩れない。表と同様に，図にもタイトルをつける
(**図 14.17**)。

●●● 14.2 相関表のつくり方 ●●●

ここでは，12章で扱った「家賃データ.csv」に関する相関表を作成する。
後半のプロセスは，14.1.1項も同様なので，わからない場合は参照するとよい。

〔1〕 JASP **相関分析を実行する**   11章で確認した相関分析を行う。

[Regression]

→ [Correlation Matrix]

を選択し，year と walk，area，rent を右のボックスに移す。そして，[Report
significance] のチェックを外し，[Flag significant correlations] にチェックを
つける[†] (**図 14.18**)。

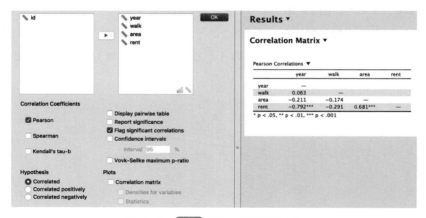

図 14.18 JASP 相関分析を実行する

[†] ベイズ的分析に基づく結果の場合，[Report Bayes factors] のチェックを外し，[Flag
supported correlations] にチェックをつけるとよい。

〔2〕 Excel 〔1〕の結果を貼り付ける　　Results の Pearson Correlations にある▼をクリックし，Copy を選択する。そして，Excel を開き

> ［右クリック］
> → ［ペースト］

を選択する。すると，図 14.19 のようになる。

	A	B	C	D	E	F	G	H	I	J
1										
2		Pearson Correlations								
3			year	walk	area	rent				
4		year		—						
5		walk		0.063		—				
6		area		-0.211		-0.174		—		
7		rent		-0.792 ***		-0.291		0.681 ***		—
8										
9		* p < .05, ** p < .01, *** p < .001								

図 14.19　Excel 〔1〕の結果を貼り付ける

〔3〕 Excel 表を整理する　　まず，year を 1. 築年数にするというように，英語表記を日本語表記に変える。つぎに，有意水準を示すアスタリスクを相関係数の右肩につけるため，スペースを設ける。そして，相関係数の値が -1.00 から $+1.00$ であるため，C4 から G7 を選択したうえで

> ［右クリック］
> → ［セルの書式設定］
> → ［表示形式］
> → ［ユーザー定義］

を選択し，0.00 を .00 に変更する（図 14.20）。

	1	2	3	4
1.築年数	—			
2.徒歩時間	.06	—		
3.面積	-.21	-.17	—	
4.賃料	-.79 ***	-.29	.68 ***	—
* p < .05, ** p < .01, *** p < .001				

図 14.20　Excel 表を整理する

〔４〕 [Excel] **平均値と標準偏差を加える**　　5章をもとに，それぞれの変数の平均値と標準偏差を求めると，**図14.21** のようになる。

Descriptive Statistics

	year	walk	area	rent
Valid	30	30	30	30
Missing	0	0	0	0
Mean	14.23	12.07	21.18	5.497
Std. Deviation	12.16	5.669	9.304	1.681
Minimum	1.000	4.000	11.00	2.500
Maximum	46.00	26.00	51.50	9.500

図 14.21　[Excel] 平均値と標準偏差を加える（1）

変数名が記された列の隣2列を開けたうえで，平均値と標準偏差を加える（**図14.22**）。なお，数値の桁数と小数点の位置はきちんと揃える。

	M	SD	1		2		3		4
1.築年数	14.23	12.16	—						
2.徒歩時間	12.07	5.67	.06		—				
3.面積	21.18	9.30	-.21		-.17		—		
4.賃料	5.50	1.68	-.79	***	-.29		.68	***	—

* p < .05, ** p < .01, *** p < .001

図 14.22　[Excel] 平均値と標準偏差を加える（2）

〔５〕 [Excel] **罫線を引く**　　14.1〔3〕と同様に罫線を引く（**図14.23**）。

	M	SD	1		2		3		4
1.築年数	14.23	12.16	—						
2.徒歩時間	12.07	5.67	.06						
3.面積	21.18	9.30	-.21		-.17		—		
4.賃料	5.50	1.68	-.79	***	-.29		.68	***	—

* p < .05, ** p < .01, *** p < .001

図 14.23　[Excel] 罫線を引く

〔６〕 [Word] **表を貼り付け，整理する**　　14.1節〔4〕から〔7〕の手順に従い，Word に表を貼り付け，整理する。その際，数値を記したセルの幅を揃えると，きれいな表になる。*M* と *SD* は中央揃えにする。また，SD の隣にある1とその隣の空白のセル，—とその隣の空白のセルは，結合して中央揃えにすると，見やすくなる（**図14.24**）。

	M	**SD**	1	2	3	4
1.築年数	14.23	12.16	—			
2.徒歩時間	12.07	5.67	.06	—		
3.面積	21.18	9.30	-.21	-.17	—	
4.賃料	5.50	1.68	-.79 ***	-.29	.68 ***	—

図 14.24 [Word] 表を貼り付け, 整理する

　表のタイトルと有意水準の説明は Word にて記すとよい。有意水準の説明は,「5％有意水準→1％有意水準→0.1％有意水準」の順番でつける（**表14.2**）。

表 14.2 本調査で用いた変数の平均値と標準偏差, 相関係数

	M	*SD*	1	2	3	4
1. 築年数	14.23	12.16	—			
2. 徒歩時間	12.07	5.67	.06	—		
3. 面　積	21.18	9.30	-.21	-.17	—	
4. 賃　料	5.50	1.68	-.79 ***	-.29	.68 ***	—

*** $p < .001$

●●● 14.3　重回帰分析の結果の表のつくり方 ●●●

〔1〕　[JASP] **重回帰分析を実行する**　　12章で確認した重回帰分析を行う。

[Regression]
→ [Linear Regression]

を選択し, rent を Dependent Variable に, year と walk, area を Covariates に移す。そして,[Statistics]にある[Collinearity diagnostics]にチェックをつける。

〔2〕　[Excel]〔1〕**の結果を貼り付ける**　　Results の Coefficients にある▼をクリックし, Copy を選択する。そして, Excel を開き

[右クリック]
→ [ペースト]

を選択する。その際, 数値がバラバラに出力されるので, 整理する（**図14.25**）。

Coefficients								
Collinearity Statistics							Tolerance	VIF
Model	Unstandardi:	Standard Er	Standardize	t		p		
1 (Intercept)	5.435	0.344		15.8		< .001		
year	-0.093	0.007	-0.674	-12.616		< .001	0.955	1.047
walk	-0.047	0.016	-0.159	-2.997		0.006	0.969	1.032
area	0.092	0.01	0.512	9.443		< .001	0.93	1.076

図 14.25 Excel〔1〕の結果を貼り付ける

〔3〕 Excel 表の整理をする　　まず，year を築年数にするというように，英語表記を日本語表記に変える。つぎに，Unstandardized を B，Standard Error を SEB，Standardized を β に変える。そして，相関表のようにアスタリスクにより有意水準を示すために，B の右隣に 1 列にスペースをつくる。また，Model と t, p, Tolerance は表に載せないため，ここで削除するとよい。

β は基本的に -1.00 から $+1.00$ であるため，14.2 節〔3〕の手順に従い，表記を変更する（図 14.26）。

	B		SEB	β	VIF
切片	5.44	***	0.34		
築年数	-0.09	***	0.01	-.67	1.05
徒歩時間	-0.05	**	0.02	-.16	1.03
面積	0.09	***	0.01	.51	1.08

* p < .05, ** p < .01, *** p < .001

図 14.26 Excel 表の整理をする

〔4〕 Excel 罫線を引く　　14.2 節〔5〕と同様に罫線を引く（図14.27）。

	B		SEB	β	VIF
切片	5.44	***	0.34		
築年数	-0.09	***	0.01	-.67	1.05
徒歩時間	-0.05	**	0.02	-.16	1.03
面積	0.09	***	0.01	.51	1.08

* p < .05, ** p < .01, *** p < .001

図 14.27 Excel 罫線を引く

〔5〕 Word 表を貼り付け，整理する　14.2節〔6〕の手順に従い，Word に表を貼り付ける。詳細は，14.2節〔6〕と同様であるが，決定係数と自由度調整済み決定係数を記す（**図14.28**）。

	B		SEB	β	VIF
切片	5.44	***	0.34		
築年数	-0.09	***	0.01	-.67	1.05
徒歩時間	-0.05	**	0.02	-.16	1.03
面積	0.09	***	0.01	.51	1.08

$R^2 = .93$***，自由度調整済み $R^2 = .92$***

** $p < .010$ *** $p < .001$

図14.28 Word 表を貼り付け，整理する

最後に，表のタイトルとサンプルサイズを記せばよい（**表14.3**）。

表14.3 重回帰分析の結果 $(N=30)$

	B		SEB	β	VIF
切　片	5.44	***	0.34		
築年数	−0.09	***	0.01	−.67	1.05
徒歩時間	−0.05	**	0.02	−.16	1.03
面　積	0.09	***	0.01	.51	1.08

$R^2 = .93$***，自由度調整済み $R^2 = .92$***
** $p < .010$ *** $p < .001$

なお，決定係数の値を表中に記すこともある。その場合は，独立変数の下に行を挿入して，決定係数を記すとよい（**表14.4**）。

表14.4 重回帰分析の結果 $(N=30)$

	B		SEB	β	VIF
切　片	5.44	***	0.34		
築年数	−0.09	***	0.01	−.67	1.05
徒歩時間	−0.05	**	0.02	−.16	1.03
面　積	0.09	***	0.01	.51	1.08
R^2	.93	***			
自由度調整済み R^2	.92	***			

15. 論文やレポートに まとめる

　前章までは，研究と分析の方法，結果のまとめ方について説明してきた。しかし，実験や調査からデータを集め，分析を行うことがゴールなのではなく，その結果をアウトプットすることこそがゴールである。そこで，本章では，いままでのまとめとして，論文やレポートの書き方について説明する。

　キーワード：要約，問題，目的，方法，結果，考察

●●● 15.1　論文やレポートの構成 ●●●

　論文やレポートの構成は，筆者のオリジナリティが発揮できる箇所ではなく，投稿しようとしている学会や研究室，提出する科目により決まっている。また，書式の詳細についても決定されていることが多いため，事前にどのような「規定」があるのかを確認する必要がある。例えば，日本看護学会論文誌では，以下のような規定がある[1]。

---

2)　本文
（1）　文字数：本文・引用文献の文字数は 5,250 字以上かつ 6,300 字以内とし，文字数の過不足がある原稿は受付けない。文字数のカウントは投稿者自身が Word の文字カウント機能を用いて行い，「文字数（スペースを含めない）」の文字数とする。カウントの際には「テキストボックス，脚注，文末脚注を含める」のボックスのチェックを外すこと。
（2）　原稿は和文・新かなづかいを用い，外国語はカタカナ表記，外国人名や日本語訳が定着していない学習用語等は原語にて表記する。
（3）　原稿は，「はじめに」・「目的」・「方法」・「倫理的配慮」・「結果」・「考察」・「結論」の項目別にまとめ，各項目にはローマ数字で番号をつける。また「はじめに」では，先行研究を検討した旨を表記する。

規定はあるものの，論文やレポートの雛形はある程度固定化されている。最も基本的な論文やレポートの構成は以下のようなものである。

◆　タイトル
◆　要約（日本語と英語の両方で記すことがある）
◆　緒言
　➤　問題
　➤　目的
◆　方法
◆　結果
◆　考察（「結果と考察」のようにまとめるといい場合もある）
◆　結論（考察に含まれることもある）
◆　引用文献
◆　付録（用いた調査用紙などを記すことがある）

以下では，高橋・山本による『レジリエンスを高める「からだ気づき」の有効性に関する研究：看護専門職の「主体的対話的で深い学び」を通して』[2]を例にあげ，論文やレポートの書き方について説明する。

●●● 15.2　論文やレポートの書き方 ●●●

15.2.1　タイトルの書き方

まず，論文やレポートではそのタイトルをつける（図15.1）。
タイトルをつけるうえで，つぎのことを意識するとよい[3]。

1)　どのような研究をしたのかが一読でわかるか

レジリエンスを高める「からだ気づき」の有効性に関する研究
－看護専門職の「主体的対話的で深い学び」を通して－

髙橋　和子（横浜国立大学）
山本　光（横浜国立大学）

Comprehensive Study of the Effectiveness of the Body-Mind Awareness to Enhance the Resilience : Targeted for the Nursing Students and the Nurses Through Active Learning

Kazuko TAKAHASHI（Yokohama National University）
Ko YAMAMOTO（Yokohama National University）

図15.1　タイトルの具体例

2)　取り組んだ問題と着眼点，研究の対象は含んでいるか

高橋・山本を例にとると，以下のようになる。

> 取り組んだ問題：レジリエンスを高める「からだ気づき」の有効性
> 着眼点　　　　　：「主体的対話的で深い学び」を通して
> 研究対象　　　　：看護専門職

　また，論文やレポートのタイトルをつけるうえで，「疑問文」にすることで，読者の注意を向けるということもある。高橋・山本の論文であれば，「「からだ気づき」（実習）はレジリエンスを高めるのか？」というタイトルに変えるということが考えられる。

15.2.2　要約の書き方

　論文では，タイトルの後に要約（要旨：abstract）を書く（**図15.2**）。しかし，タイトルをつけた後に要約を書くというものではない。論文を完成させた後に，どのような研究なのかを俯瞰して，要約を書くとよい。

要　旨

　レジリエンスは，困難な出来事を経験しても個人を健康へと導く心身の特性である。本研究の目的は，看護師536名と看護学生320名に「からだ気づき」実習を実施し，「からだ気づき」によるレジリエンスへの有効性を検討することである。心身の健康の指標は，レジリエンス尺度（精神的健康尺度・精神的回復力尺度）を用いて解析を行った。

　その結果，次のことが明らかになった。①「からだ気づき」実習を通して「運動好き」「ダンス好き」「精神的健康」「精神的回復力」の項目が肯定的に変容した。②「精神的健康尺度」は［憂鬱］［集中力欠如］［怒り］［身体的症状］の4因子構造であり，特に［身体的症状］の改善がみられた。③「精神的回復力尺度」は4因子構造であり，実習前後に因子構造の変容がみられた。特に看護専門職において［感情コントロール］の改善がみられた。④人とのかかわりを「主体的対話的」に行う中で，からだ（心身）の状態が改善された。

　以上のことから，レジリエンスを高める「からだ気づき」の有効性が明らかになった。

図15.2　要約の具体例

　要約は，この論文がどのような問題に取り組み，どのような知見が得られたかを端的に記すものである。要約を書くうえでつぎのことを意識するとよい[3]。

1)　どのような問題に取り組んだのか（**本研究の目的**）

2)　問題解決のためにどのようなことをしたのか（**研究方法**）

3)　**研究対象と手法**

4)　**研究結果（箇条書きのように書くこともある）**

5)　**結論**

高橋・山本を例にとると，以下のようになる。

---

1)　どのような問題に取り組んだのか（本研究の目的）
　　看護師 536 名と看護学生 320 名に「からだ気づき」実習を実施し，「から
　　だ気づき」によるレジリエンスへの有効性を検討する。
2)　問題解決のためにどのようなことをしたのか（研究方法）
　　心身の健康の指標は，レジリエンス尺度（精神的健康尺度・精神的回復力尺
　　度）を用いて解析を行った。
3)　研究対象と手法
　　　　　　　　　　　　　　　－
4)　研究結果（箇条書きのように書くこともある）
　　①「からだ気づき」実習を通して「運動好き」「ダンス好き」「精神的健康」
　　「精神的回復力」の項目が肯定的に変容した。…（中略）…④人とのかかわ
　　りを「主体的対話的」に行う中で，からだ（心身）の状態が改善された。
5)　結論
　　以上のことから，レジリエンスを高める「からだ気づき」の有効性が明らか
　　となった。

　ここにあるように，「どのような問題に取り組んだのか」と「問題解決のた
めにどのようなことをしたのか」に「研究対象と方法」が含まれている場合も
ある。そのときは，「研究対象と方法」を省略するということもある。

　要約にもほとんどの場合，字数制限がある。その制限の中で，なにがあれば
論文の概要を記すことができるかを意識するといいだろう。

15.2.3　問題の書き方

　論文の導入（introduction）で示すのが，以下に示すような問題である。問
題は，なぜこの問題に取り組むのか，先行研究ではどこまでわかっているの
か，本論文の研究上の位置付けはどこであるのかを記すものである。

1.1. レジリエンス研究の動向

2011年3月11日の東日本大震災以後，レジリエンスに関する書籍や論文を，多く見かけるようになった。

… （中略）…

特に，『健康および障害の評価』（World Health Organization2015），『あなたの自己回復力を育てる』（ニーマン，M2015），『ウェルビーイングの設計論』（カルヴォ，R.A2017）等のように，健康関連が多くなっている。また，身体的な健康とレジリエンスの 関連についてのスポーツ科学（スポーツ心理学や 体育科教育学等）的研究も見られるようになった。例えば，賀川（2012）は，大学体育の影響を身体 活動状況と心理的特性から見た結果，「将来に対する明確な目標」「身体的強靭さへの自信」がレジリエンスに影響を与えているという。上野（2014）は，スポーツ競技者を対象として主観的グラフ描画法を導入し，レジリエンス過程を明らかにしている。

… （中略）…

このように，レジリエンスを高める条件の観点の一つとして，指導方法が重要であると考えられる。

1.2. 看護専門職の心身（健康）の状況とその背景

先行研究では，教育専門職（学校の教員や教員養成系の大学生）に比べ，看護専門職は「自分に自信がない」「他者の目や評価が気になる」「患者とのかかわりから心身共に疲れ気味である」「自己肯定感が低い」ことが明らかになっている（髙橋2011）。また，厚生労働省の調査によると（2013），看護を取り巻く環境は，看護師不足，離職，多忙化等の課題が提示されている。これらのことから，看護専門職では「心身の健康」「自己肯定感」「関係性」をより必要としているということが言える。

… （中略）…

1.3. 「からだ気づき」の理論と内容

心身に働きかけて自分自身への健全な感覚を高める方法の一つとして「からだ気づき」がある。

… （中略）…

1.4. 看護専門職のレジリエンス開発育成と「からだ気づき」

看護師のレジリエンス開発育成には，体験の意味づけの必要性や支援体制の構築が求められている（大森2014）。「からだ気づき」はこの大森が述べる「看護職のレジリエンスを高めるために必要な活動内容」であり，教育学者の山地

（2016）が，紹介しているアクティブ・ラーニングの自他のかかわりを身体を通して体験する一つのリソースである。

… （中略） …

そこで，本研究では，健康関連従事者である看護学生や看護師（以下，看護専門職）に実施した「からだ気づき」を対象として，レジリエンスを高める「からだ気づき」の有効性について検証することを目的とする。

　問題で書くうえで，つぎのことは必ず意識されたい[3]。

　〔1〕　**なにを前提としているのか（先行研究の概観）**　　関連する先行研究を体系的にレビューし，どのような問題があるのかを提示する。前例では，1.1にて「レジリエンス（心理的回復力）」という概念のレビューを行っている。

　〔2〕　**どのような問題に取り組むのか**　　〔1〕を踏まえて，どのような問題に取り組むのかを提示する。前例では，1.2にて看護専門職はレジリエンスを高める必要があることが主張されている（波線部）。

　〔3〕　**なぜその問題に取り組むのか**　　〔2〕で提示したことが，なぜ問題なのか，この問題に取り組む必要性を説明する。ここで，「先行研究で検討されていないため，この研究を行う」と書く人がいる。しかし，重要なことは「先行研究で検討されていないことが明らかになると，どのような意義（意味）があるのか」ということを説明することである。

　前例では，看護師不足や離職，多忙化といった問題から，看護専門職はレジリエンスを高める必要があると主張されている。

　〔4〕　**どのような着眼点で取り組むのか（自分の研究の位置づけ）**　　ここでは，問題に対してどのような着眼点で取り組むかを説明する。研究の新奇性やオリジナリティが反映されるのが，この着眼点であり，論文の肝であるといっても過言ではない。

　前例では，1.1にてレジリエンスを高める条件の一つの観点として，指導方法が重要であることを示す。そして，1.3と1.4にて「からだ気づき」がレジリエンスを高めるリソースとなりうる可能性を指摘する（太線部）。つまり，レジリエンスを高めうる手段の一つとして，「からだ気づき」に着眼している。

〔**5**〕　**研究の目的はなにか（目的と仮説の設定）**　　以上を踏まえて，具体的にどのようなことに取り組むのか，研究の目的と仮説を述べる。〔2〕とは異なり，自分の研究で行ったことを述べることに注意されたい。

前例では，看護専門職に実施した「からだ気づき」を対象として，レジリエンスを高める「からだ気づき」の有効性を検証することが説明されている（破線部）。また，前例のように仮説を詳細に述べないこともある。

15.2.4　方法の書き方

方法は，その研究における実験や調査がどのように行われたのか，第3者が読んだだけで再現できるように記すものである。そもそも，第3者が研究を再現できなければ，得られた結果の正当性を担保することができないのである。

方法では，つぎのことを記す。

〔**1**〕　**研究の対象者**　　どのくらいの人数を対象としたのか，どのような人を対象にしたのかを記す（**図15.3**）。大学生○○名という記述が散見されるが，どのような大学の大学生であるか，その属性を示すことが望ましい。学生の属性が異なれば，得られる結果が異なる可能性も十分ある。

2　研究方法

2.1.　研究対象と実習内容

　2015 ～ 2016年に筆者らが実施した，看護専門職への「からだ気づき」実習を実験群，教育専門職（教員・教員養成系大学生［以下，教育学生］）へのダンス実習を対照群とする（表1，註3）。

表1　対象者・実習時間・授業者

対象者	クラス	人数	年齢平均値（歳）	実習時間（分）	群
1. 看護学生	6	320	20.51	180～420	看護専門職
2. 看護師	11	536	35.98	90～420	実験群
3. 教育学生	5	633	19.37	90～360	教育専門職
4. 教員	5	335	40.98	90～360	対照群

＊看護専門職856名，教育専門職968名

図15.3　研究の対象者の具体例

〔2〕 **調査方法** どのような調査を行ったのかを記す。また，実験を行っている場合は，どのような実験を行ったかを記す。例えば，**図15.4**のように，「からだ気づき」の教材や実習の詳細を提示することがあげられる。

表3 「からだ気づき」実習の対象者と教材一覧

	クラス	人数 (人)	授業時間	年齢	教材
看護師	1	91	180分	20〜40代	立つ，卵は立つ？振り返り
	2	73	180分	20〜50代	呼吸，卵は立つ？振り返り
	3	20	220分	20〜50代	歩く，ダイヤモンド・ウォーク，似顔絵，自然探索，人生グラフ，手当，卵は立つ？
	4	31	220分	30〜40代	朝の目覚め，足指と握手，電車，幼児の36の動き，脱出，自然探索
	5	47	300分	30〜40代	脱出，群象，ダイヤモンド・ウォーク，目隠し歩き，マイ・シルエット，金魚鉢
	6	31	360分	20〜40代	歩く，ピザ，似顔絵，長所探し，ダイヤモンド・ウォーク，感情伝達，からだセンサー，123人
	7	50	360分	30〜50代	幸せ体操，似顔絵，手遊び，寝ころぶ，長所探し，自然探索
	8	64	360分	30〜40代	幸せ体操，似顔絵，ピザ，電車，ダイヤモンド・ウォーク，自然探索，呼吸，手当，マッサージ，金魚鉢
	9	100	360分	30〜40代	私の名前，手遊び，幸せ体操，ピザ，電車，親しむからだ，いのちの旅，背骨を感じる，表現鬼ごっこ，金魚鉢
	10	31	360分	30〜40代	歩く，ピザ，似顔絵，ダイヤモンド・ウォーク，マッサージ，感情伝達，123人，背骨を感じる，金魚鉢
	11	16	420分	30〜40代	私の名前，ピザ，表現鬼ごっこ，123人，ダイヤモンド・ウォーク，手当，マイ・シルエット
看護学生	1	88	180分	10〜20代	幸せ体操，表現鬼ごっこ，手遊び，123人，全力疾走，ピザ，似顔絵，卵は立つ？，呼吸
	2	110	180分	10〜30代	表現鬼ごっこ，手遊び，電車，大きい小さい，誰の手，新聞紙
	3	75	360分	10〜20代	電車，だるまさんが転んだ，123人，2人でV字，人間ベッド，金魚鉢，表現鬼ごっこ，新聞紙，与える受け取る
	4	41	360分	10〜20代	ピザ，電車，私の名前，ヨガ，群像，目隠し歩き，呼吸，いのちの旅
	5	30	360分	20〜30代	電車，だるまさんが転んだ，123人，レスティング，手当，金魚鉢，表現鬼ごっこ，ダイヤモンド・ウォーク，与える受け取る
	6	35	420分	20〜30代	だるまさんが転んだ，手遊び，ダイヤモンド・ウォーク，誰の手，全速力，かごめ，寝ころぶ，手当，自然探索，天国の旅

図15.4 調査方法の具体例

〔3〕 **調査内容** どのような調査内容だったのか，質問紙の項目であったのかを記す（**図15.5**）。調査内容をどのように作成したのか，どこから引用したのかについて，必ず記す必要がある。なお，質問項目の具体例を一つずつだけ記し，質問項目の全体は論文の巻末に付録として掲載することもある。

2.2.1. レジリエンス尺度による質問紙調査

質問紙調査は無記名で行い，やりたくない受講者は無回答でよいことを説明後，実施した。

a. フェイスシート 年齢，性別，所属。

b. 運動とダンスの好嫌度 「運動好き」「ダンス好き」の項目（4段階評定4件法）の回答。

c. レジリエンス尺度 レジリエンス尺度には，健康状態を知る「精神的健康尺度」と毎日の行動傾向を知る「精神的回復力尺度」を使用した。2つの尺度とも，回答は4段階評定4件法「はい，少しはい，少しいいえ，いいえ」で行い，4〜1点と点数化した。

「精神的健康尺度」は大坊らの作成した「精神的健康調査票The General Health Questionnaire (1986)」の60項目から，短縮版GHQ-28項目の4因子（［身体的症状］［不安と不眠］［うつ病］［社会的活動障害］）をもとに，筆者らが作成した12項目の「精神的健康尺度」短縮版看護専門職用（註6）を使用した。

「精神的回復力尺度」は小塩らが作成した「精神的回復力尺度」(2002)の3因子21項目を参考に，筆者らが作成した12項目の「精神的回復力尺度」短縮版看護専門職用（註7）を使用した。うち4項目は逆転項目である。

図15.5 調査内容の具体例

〔4〕　**手続き**　　どのような手続きによって，一連の調査や実験を行ったか
を記す（**図15.6**）。

> 2.2．データ収集と分析方法
> 　「からだ気づき」がレジリエンスを高めるかを
> 調査するため，レジリエンス尺度の同一の質問紙
> 調査を，授業前と授業後に行った。対象とした授
> 業は，90分の授業から420分（集中講義）まであ
> ったが，他の要因の影響を避けるため，90分の授
> 業前後や1日の集中講義の前後に測定した。また
> 看護学生や看護師の授業の感想（リフレクション・
> シート）も参考にした。

> e．**倫理的配慮**　データ収集に加え，授業中の写
> 真撮影に関しても，個人情報保護の立場から，研
> 究のみに使用することおよび論文掲載について，
> 受講者，並びに所属校・所属機関に承諾を取った。

図15.6　手続きの具体例　　　　　　　**図15.7**　倫理的配慮の具体例

〔5〕　**倫理的配慮**　　デブリーフィング[†]がどのように行われたのか，研究
の対象者は調査に同意をしていたのか，匿名性は担保されているのか，調査は
実施先での許可を得ているのかを記す（**図15.7**）。

15.2.5　結果の書き方

　結果の書き方は，7章から13章までの通りである。ただし，結果の書き方に
ついても，規定があることが多いので事前に確認することが望ましい。

　図15.8のように，図と言葉の両方で結果を説明するとわかりやすいだろう。

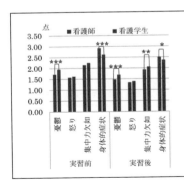

> 　この4因子に従い，実習前後の看護師と看護学
> 生，教育学生と教員のデータを分類，平均値を分
> 散分析にて比較した（図2，表8）。4群の前後
> とも［身体的症状］［集中力欠如］［憂鬱］［怒り］
> の順に高く，各群における前後の値には有意差が
> あった。このことから「からだ気づき」実習の「精
> 神的健康」への肯定的な影響が明らかになった。

図15.8　結果の具体例

---

†　実験や調査の終了後に，研究の対象者に対して行う説明のことである。デブリーフィ
　ングでは，その研究の概要や意味，対象者になったことの意味などを説明する必要が
　ある。

15.2.6　考察の書き方

　考察では，以下に示すように<u>研究で得られた結果を要約し，結果の原因や意味を検討する</u>。さらに，研究全体を通して，どのようなことが結論づけられるのかを考察で記すこともある。

　考察では，つぎのことを記す[3]。

　〔1〕　得られた結果の要約　　まず，得られた結果がどのようなものであったかを要約して，提示する。結果の章で示されたことを，簡潔に，短い言葉で要約することが望まれる。例では，傍線部（＿＿＿）が得られた結果の要約にあたる箇所である。

　〔2〕　先行研究との整合性の検討　　得られた結果を要約したうえで，その結果が先行研究と整合するのか否かを検討する。簡潔に，結果が先行研究を「支持する」「部分的に支持する」「支持しない」を述べる。例では，波線部（＿＿＿）が先行研究との整合性の検討にあたる箇所である。

3.2.2.「精神的健康尺度」の因子構造

… （中略）…

　［怒り］では，看護学生と看護師間には有意差はみられなかった。次に，学生達と職業人の変化値を比較すると，学生達 0.2 点，職業人 0.26 点であり，職業人の［怒り］は軽減されたと言える。怒りの感情は，筆者の先行研究において，中学生がピークで大学生まで高く，大人になるに従って低下傾向にあることが分かっており（髙橋 2016），本研究もそれを裏付ける結果であった。

　このように，［身体的症状］を除き，学生達は職業人よりもレジリエンスが低い傾向にあった。職業人にとっては学生達に比べ，より「精神的健康」の改善が図られたと言える。

　以上のことより，今回，看護専門職に実施した「からだ気づき」実習は，心身の健康に影響を及ぼしたと言える。

… （中略）…

3.4.「からだ気づき」とレジリエンス

　今回の実践においては，結果的にレジリエンスの高まりを確認できた。ただ，本稿では，ロジャーズの言う態度的条件がどのように満たされたのかについて，

> また，単に身体を動かす体験学習だけではなく，創造的な表現活動であったのか
> については，解明できなかった。

〔3〕 **結果の説明**　結果からいえることやわかったことを記す。仮説を支持する場合には，先行研究との整合性の検討の箇所でまとめることがある。仮説を支持しない場合には，どうしてそのような結果が得られたかを記す。仮説を支持しない理由として，「（先行研究の）理論的な観点」と「（対象者の選定といった）方法論的な観点」からの説明が可能である。両方の観点から，考察することが望ましい。

　例では，破線部（＿＿＿）が結果の説明にあたる箇所である。

〔4〕 **結論の提示**　結果の説明をしたうえで，これらの結果からなにがわかったのか，今後の課題がなんであるのかといった結論を提示する。よく「今後多くの研究が必要である」と示されるが，どのような研究が必要であるのかを明示しなければならない。例えば，「○○という変数の影響を取り除いたうえで，」のように，具体的な方針を明示することが望まれる。

　例では，斜体が結論の提示にあたる箇所である。このように，結論の提示では，わかったこととわからなかったことの両方を記すのである。

　最後に，以上の〔1〕から〔4〕全体にわたる注意点を以下に記す。よく間違えてしまうことであるので，注意されたい。

《**考察における注意点**》

◆　**新たな結果を提示しない**

　　結果の章で示していないデータや結果を考察の章では用いない。考察に用いるのであれば，結果の章で扱う。

◆　**「わかったこと」と「わかっていないこと」を区別する**

　　研究を通して「わかったこと」と「わかっていないこと」が読者にわかるように書く。「わかったこと」は「〜が明らかとなった」や「〜が示された」「〜であった」と記すとよい。また，「わかっていないこと」は「〜であると推察される」や「〜であろう」「〜の可能性がある」と記すとよい。

◆　**どこまで「適用可能な」結果なのか明示する**

　　研究を通して「わかったこと」がどこまで適用可能なことであるのかに注
意を払わなければならない。例えば，高齢者を対象に得られた英語の試験
の結果を高校生に当てはめる（適用する）には無理がある。そのため，研
究の対象者や調査内容，方法に十分に注意を向ける必要がある。

15.2.7　引用文献の書き方

　　論文やレポートで引用した文献のみを，「引用文献（参考文献）」として巻末
に記す（**図15.9**）。引用文献の書き方にも，ほとんどの場合規定があるので，
事前に確認されたい。

引用文献・参考文献

伴義孝（2005）「気づき」の構造:実践と思想の対話,関
西大学出版部
大坊郁夫（1986）大学生の不適応傾向の把握-日本版
GHQの適応,心理測定ジャーナル，251，2-7
Daniell,B.& Wassell,S（2002）Assessing and
promoting resilience in vulnerable Children.
London:Jessica Kingsley
Gendlin, E.T. & Johnson, D.H. (2004) .Proposal for
an international group for a first person science
http://www.focusing.org/gendlin/docs/gol_2184.
html
藤岡完治編集（1995）看護教員とニューカウンセリ
ング，医学書院，40

図15.9　引用文献の具体例

　　ただし，多くの論文やレポートにおいて，引用文献の配列については一定の
ルールがある。以下のルールは，知っておくとよい。

《**引用文献の配列のルール**》

◆　**著者の「姓」のアルファベット順**

　　➤　同姓がいる場合，名前のアルファベット順。

◆　**共著の場合，第1著者の姓に従う**

◆　**文献の著者が同じ場合は，年数が古いものから順に並べる**

　　➤　同一著者で発表年が同じ場合，a，b，c…のように区別する。

●●● 15.3　論文やレポートにおいて注意すべき表現 ●●●

　本章の最後に，論文やレポートにおいて注意すべき表現について説明する。これらは，作文の技法にも通ずるものであり，わかりやすい文章を構成する必要条件といっても過言ではない。

15.3.1　引 用 の 仕 方

　論文やレポートで，文献を引用する場合は，以下のように記す。

《引用の記し方》

◆　**1人の著者の場合**

　「伴（2005）は～と説明する」「～であることが示されてきた（大坊 1986)」

◆　**2人の著者の場合**

　「高橋・山本（2016）によると～」「～であった（Daniell & Wassell 2002)」

◆　**3人以上の著者の場合**

　「～が示されてきた（Wigfield, Tonks, & Klauda 2009)」

　→2回目以降の引用：「Wigfield et al.（2009）は～」

　日本人である場合は，「山本ほか（2018）は～」

15.3.2　文 章 の 構 成

　論文やレポートに限らず，わかりやすい文章を書くうえで，「文字数」と「主語と述語の対応」は意識すべきことである。

　文字数は，1文で30字以内であるとよく，80字を超えるとわかりにくくなる[4]。文字数が多くなってしまうと，1文に複数の内容が組み込まれてしまい，理解しにくくなる。そのため，1文を極力短くし，1文に一つの内容を組み込むことを意識するとよい。

　また，「主語と述語の対応」がおかしい文章にも注意が必要である。とくに，修飾語が長くなると主語と述語が対応していないことが多いので，注意が必要

である。

《主語と述語の対応関係》

◆ **ダメな例**

　　本研究の目的は，看護専門職に「からだ気づき」実習を実施し，「からだ気づき」によるレジリエンスへの有効性を検討する。

◆ **よい例**

　　本研究の目的は，看護専門職に「からだ気づき」実習を実施し，「からだ気づき」によるレジリエンスへの有効性を検討することである。

　　わかりやすい文章を書くために，書いた文章を一度声に出して読んでみるとよい。書いた文章を口にすると，わかりにくい箇所を意識化しやすい。

15.3.3 接続詞の用法

　　論文やレポートにおいて，適切な接続詞を用いることをしなければ，内容がわからないものとなる。**表 15.1** に接続詞の用法を記す。論文やレポートを書くときに，参考にされたい。

表 15.1 接続詞の用法

種　類	意　味	例
順　接	前の内容が原因となり，後の内容が結論となる。	そこで　ゆえに したがって
逆　接	前の内容とは逆の内容を示す。	しかし　ところが 〜にもかかわらず
添　加	前の内容に内容を付け加える。	そこで　さらに　そのうえ
並　列	前の内容に内容を並べる。	また　および　かつ
補　足	前の内容を補足する。	ただし　なお
対　比	前の内容と比べる。	一方　他方　〜に対して
例　示	前の内容に対して，例を示す。	例えば
転　換	前の内容とは異なる内容を示す。	ところで

16. JASP のインストール手順

本書では統計処理ソフトとして JASP（Jeffery's Amazing Statistics Program）を利用する。JASP は無料の統計処理ソフトで，統計ソフトでは有名な SPSS と同様にグラフィカルユーザインタフェースを採用している。そのため，マウス操作で統計処理が行える。また，統計の処理結果が表のみではなくグラフも作成することができる。また，頻度論的分析とベイズ的分析の両方を行うことができる。

●●● 16.1　JASP のインストール ●●●

検索サイトなどで JASP のキーワードで検索し，https://jasp-stats.org/ の Web サイトを表示する（**図 16.1**）。本書では Ver. 0.11.1 を使用しているが最新のものは Web サイトを参照のこと。

以下では，Windows 版の JASP のインストール方法を説明する。

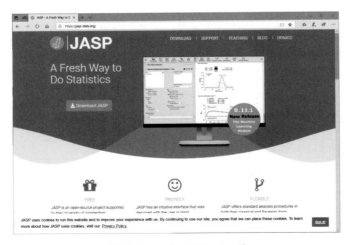

図 16.1　JASP の Web ページ

1)　ダウンロードをクリック（図 16.2）

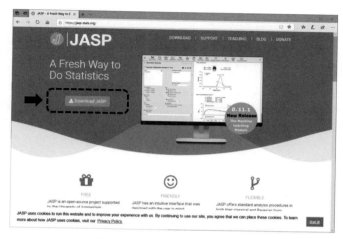

図 16.2　ダウンロードのクリック

2)　ダウンロードページで **Windows** 版をクリック（図 16.3）

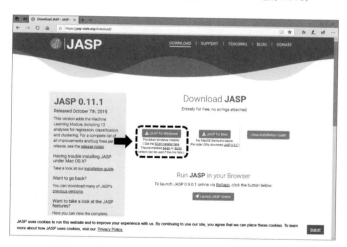

図 16.3　ダウンロードページで Windows 版をクリック

3)　ダウンロードの開始（図 16.4）　　［実行］をクリックする。

図 16.4　ダウンロードの実行

4)　インストールソフトの実行（図 16.5）　　［Next］をクリックする。

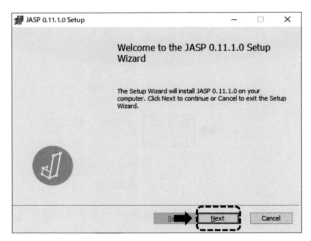

図 16.5　インストールソフトの実行

5) **インストール先の選択**（**図 16.6**）　基本的に［Next］をクリックする。

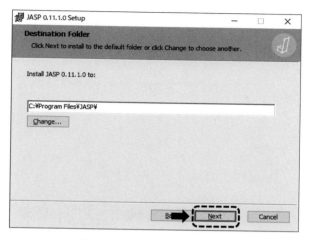

図 16.6　インストール先の選択

6) **インストールの実行**（**図 16.7**）　［Install］をクリックする。

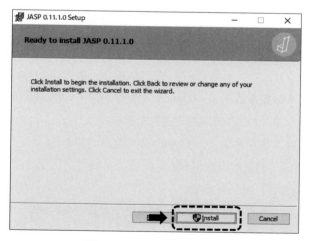

図 16.7　インストールの実行

7) インストールの完了（**図 16.8**）   ［Finish］をクリックする。

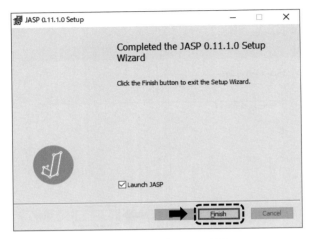

図 16.8　インストールの完了

●●● 16.2　ファイルや環境設定 ●●●

ファイル操作や環境設定は，**図 16.9** で示した箇所をクリックする。すると，
図 16.10 のように，ファイルや環境設定のメニューが表示される。

1) ファイルの読み込み　　［Open］をクリックすると，**図 16.11** の画面が
出力され，ファイルの読み込み先が選択できる。

　ファイルの読み込み先は，つぎの四つから選択できる。

- Recent Files「最近開いたファイル」
- Computer「コンピュータ内」
- OSF「Open Science Framework」無料公開されたデータ集
- Data Library「データ集」JASP に内蔵されているデータ集

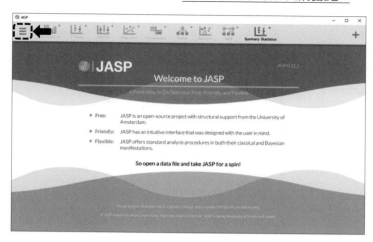

図 16.9 JASP の起動画面

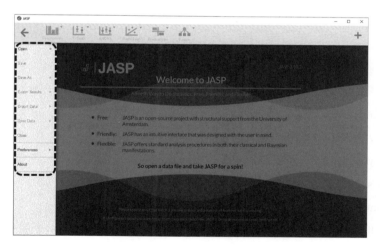

図 16.10 JASP におけるファイルや環境設定のメニュー

　JASP では，基本的に拡張子が .jasp がつく形式のファイルで保存できる。ただし，以下の四つのファイル形式を読み込むことができる。

- .csv：カンマ区切りデータファイル

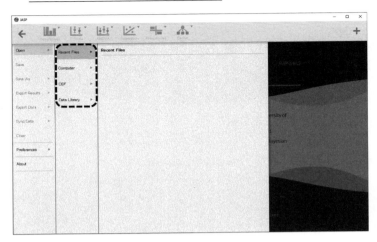

図 16.11　ファイルの読み込み先

- .txt：テキストファイル　Excel で .txt 形式で保存されたファイルも可
- .sav：IBM SPSS のデータファイル形式
- .ods：Open Document spredsheet 形式（OpenOffice や LberOffice）

2)　**環境設定**　［Prefernces］をクリックすると，**図 16.12** の画面が出力される。さらに，［Data］をクリックすると，環境設定ができる。JASP では，以下の設定が可能である。

- Synchronize automatically on data file save 自動保存機能
- Use default spreadsheet editor　表計算による編集機能
- Import threshold between Categorical or Scale データの閾値
- Missing Value List　欠損値のリスト（NaN とは，Not a Number の略である）

また，結果表示の環境設定をするには，［Results］をクリックする（**図 16.13**）。

結果表示の環境設定には以下のオプションがある。

- Table option（表の書式）
    - ➢ Display exact p-values（正確な p 値の表示）
    - ➢ Fix the number of decimals（少数の桁数）

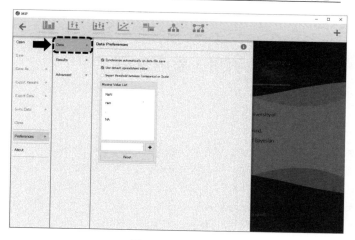

図 16.12 環境設定

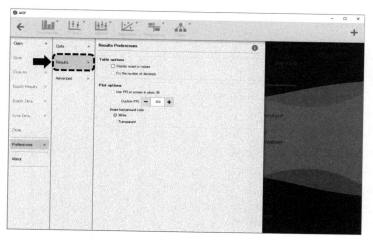

図 16.13 結果表示の環境設定

- Plot options（図の書式）
- Use PPI of screen in plots：96 （図の解像度 Pixel Per Inch）
- Image background color （図の背景色）

引用・参考文献

★1章
1) 文部科学省：学習指導要領　小学校　総合的な学習の時間（2017）
2) 文部科学省：学習指導要領　中学校　総合的な学習の時間（2017）
3) 文部科学省：学習指導要領　高等学校　総合的な探求の学習の時間（2018）
4) 日本教育心理学会：論文作成の手引き（2017）
5) 日本学術会議：科学者の行動規範─改訂版─（2013）

★2章
1) WebcatPuls　　　http://webcatplus.nii.ac.jp/
2) 国立国会図書館　　https://www.ndl.go.jp/
3) CiNii　　https://ci.nii.ac.jp/
4) Google Scholar　　https://scholar.google.co.jp/
5) 落合陽一：先端技術とメディア表現 1 #FTMA15
　　https://www.slideshare.net/Ochyai/1-ftma15

★3章
1) e-Stat（総務省統計局）　　https://www.e-stat.go.jp/
2) 東京大学社会科学研究所附属社会調査データアーカイブ研究センター
　　https://csrda.iss.u-tokyo.ac.jp/
3) 千葉県総合教育センター：学校評価等に役立つアンケート作成・集計ソフト
　　https://www.ice.or.jp/nc/shien/joho/sqs/
4) Google フォーム　　https://www.google.com/intl/ja_jp/forms/about/
5) Google ドライブ　　https://drive.google.com

★4章
1) SQS（Shared Questionnaire System）　　http://sqs2.net/
2) 取手の学校教育，SQS 資料＆ツール集　https://www3.schoolweb.ne.jp/swas/index.php?id=0840002&frame=frm51b9532e5df73
3) 千葉県総合教育センター学校評価等に役立つアンケート作成・集計ソフト「SQS」
　　https://www.ice.or.jp/nc/shien/joho/sqs/
4) Google フォーム　　https://www.google.com/intl/ja_jp/forms/about/

★5章

1) P. G. ホエール：初等統計学，培風館（1981）
2) 永田　靖：入門統計解析法，日科技連（1992）

★6章

1) 栗原伸一：入門統計学—検定から多変量解析・実験計画法まで—，オーム社（2011）
2) P. G. ホエール：初等統計学，培風館（1981）
3) 南風原朝和：続・心理統計学の基礎 統合的理解を広げ深める，有斐閣アルマ（2014）
4) Wasserstein, R. L., & Lazar, A. L.：The ASA's statement on p-value：context, process, and purpose, *Journal of the American Statistical Association*, **58**, pp.236-244（2016）

★7章

1) 豊田秀樹：基礎からのベイズ統計学 ハミルトニアンモンテカルロ法による実践的入門，朝倉書店（2012）
2) 南風原朝和：続・心理統計学の基礎 統合的理解を広げ深める，有斐閣アルマ（2014）
3) Lee, M. D., & Wagenmakers, E.-J.：Bayesian cognitive modeling：A practical course, Cambridge University Press（2013）
4) 林　賢一：統計学は錬金術ではない，心理学評論，**61**（1），pp.147-155（2018）

★8章

1) 栗原伸一：入門統計学—検定から多変量解析・実験計画法まで—，オーム社（2011）
2) Goss-Sampson, M. A.：Statistical analysis in JASP：A guide for students（2018）https://static.jasp-stats.org/Statistical%20Analysis%20in%20JASP%20-%20A%20Students%20Guide%20v1.0.pdf
3) 星野崇宏：調査観察データの統計科学—因果推論・選択バイアス・データ融合—，岩波書店（2009）
4) 森田　果：実証分析入門—データから「因果関係」を読み解く作法—，日本評論社（2014）
5) 新谷　歩：今日から使える医療統計，医学書院（2015）

★9章

1) Goss-Sampson, M. A.：Statistical analysis in JASP：A guide for students（2018）https://static.jasp-stats.org/Statistical%20Analysis%20in%20JASP%20-%20A%20

Students%20Guide%20v1.0.pdf
2)　石井秀宗：統計分析のここが知りたい―保健・看護・心理・教育系研究のまとめ方―，文光堂（2005）
3)　栗原伸一：入門統計学―検定から多変量解析・実験計画法まで―，オーム社（2011）

★ 12 章

1)　Forte, A., Garcia-Donato, G., and Steel, M.：Methods and tools for bayesian variable selection and model averaging in normal linear regression, *International Statistical Review*, **86**（2），pp.237-258（2018）
2)　村井潤一郎：教育心理学領域における社会心理学的研究の概観と研究法・統計法に関する考察，教育心理学年報，**56**, pp.63-78（2017）
3)　Groemping, U.：Relative Importance for Linear Regression in R：The Package relaimpo, *Journal of Statistical Software*, **17**（1）（2006）

★ 13 章

1)　Goss-Sampson, M. A.：Statistical analysis in JASP：A guide for students（2018）https://static.jasp-stats.org/Statistical%20Analysis%20in%20JASP%20-%20A%20Students%20Guide%20v1.0.pdf
2)　js-STAR：http://www.kisnet.or.jp/nappa/software/star/
3)　T. Jamil, A. Ly, R. D. Morey, J. Love, M. Marsman, and E-J. Wangenmakers：Default "Gunel and Dickey" Bayes factors for contingency tables, *Behav Res.*, **49**, pp.638-652（2017）

★ 15 章

1)　日本看護協会：第 50 回（2019 年度）日本看護学会論文集論文集投稿のご案内 https://www.nurse.or.jp/nursing/education/gakkai/toko/pdf/tokokitei2019.pdf
2)　高橋和子，山本　光：レジリエンスを高める「からだ気づき」の有効性に関する研究：看護専門職の「主体的対話的で深い学び」を通して，日本女子体育連盟学術研究，**34**, pp.17-30（2018）
3)　酒井聡樹：これから論文を書く若者のために 究極の大改訂版，共立出版（2015）
4)　小笠原喜健：新版大学生のためのレポート・論文術，講談社（2009）

索　引

―― 著 者 略 歴 ――

清水 優菜（しみず　ゆうの）
2015 年　横浜国立大学教育人間科学部学校教育
　　　　課程卒業
2017 年　横浜国立大学大学院教育学研究科博士
　　　　課程前期修了（教育実践専攻）
2021 年　慶應義塾大学大学院社会学研究科博士
　　　　課程単位取得満期退学
2021 年　兵庫教育大学助教
　　　　現在に至る

山本 光（やまもと　こう）
1994 年　横浜国立大学教育学部中学校教員養成
　　　　課程物理学専攻卒業
1996 年　横浜国立大学大学院教育学研究科博士
　　　　課程前期修了（物質科学専攻）
1996 年　株式会社野村総合研究所勤務
2004 年　横浜国立大学大学院環境情報学府博士
　　　　課程後期単位取得満期退学
2011 年　横浜国立大学准教授
2019 年　横浜国立大学教授
　　　　現在に至る

研究に役立つ　**JASP によるデータ分析**
― 頻度論的統計とベイズ統計を用いて ―
Data Analysis with JASP　　　　　　　Ⓒ Yuno Shimizu, Ko Yamamoto 2020

2020 年 3 月 5 日　初版第 1 刷発行　　　　　　　　　　　　　★
2022 年 9 月 25 日　初版第 3 刷発行

検印省略

著　　者　　清　水　優　菜
　　　　　　山　本　　　　光
発 行 者　　株式会社　コロナ社
　　　　　　代 表 者　牛来真也
印 刷 所　　萩原印刷株式会社
製 本 所　　有限会社　愛千製本所

112-0011　東京都文京区千石 4-46-10
発行所　株式会社 **コロナ社**
CORONA PUBLISHING CO., LTD.
Tokyo Japan
振替 00140-8-14844・電話 (03) 3941-3131 (代)
ホームページ https://www.coronasha.co.jp

ISBN 978-4-339-02903-1　C3055　Printed in Japan　　　　　　（松岡）